U0162472

5G时代

生活方式和商业模式的大变革

[日] 龟井卓也 著　田中景 译

浙江人民出版社

图书在版编目（CIP）数据

5G 时代：生活方式和商业模式的大变革／（日）龟
井卓也著；田中景译． — 杭州：浙江人民出版社，
2020.1
ISBN 978-7-213-09488-0

Ⅰ．①5… Ⅱ．①龟…②田… Ⅲ．①无线电通信－移
动通信－通信技术－影响－生活方式②无线电通信－移动
通信－通信技术－影响－商业模式 Ⅳ．①TN929.5
②C913.3③F71

中国版本图书馆 CIP 数据核字（2019）第 209846 号

浙 江 省 版 权 局
著 作 权 合 同 登 记 章
图字：11-2019-258 号

5 G Business
by Takuya Kamei
Copyright © 2019 Takuya Kamei
Simplified Chinese translation copyright ©2019 ZHEJIANG People's Publishing House,

Original Japanese language edition published by Nikkei Publishing Inc.
Simplified Chinese translation rights arranged with Nikkei Publishing Inc.
through Hanhe International(HK) Co., Ltd.

5G 时代：生活方式和商业模式的大变革

［日］龟井卓也 著 田中景 译

出版发行：浙江人民出版社（杭州市体育场路 347 号邮编 310006）
　　　　　市场部电话：（0571）85061682　85176516
责任编辑：方　程　何英娇
营销编辑：陈雯怡
责任校对：姚建国
责任印务：聂绪东
封面设计：北极光
电脑制版：北极光
印　　刷：北京阳光印易科技有限公司
开　　本：710 毫米 ×1000 毫米　1/16　　　印　　张：15.5
字　　数：130 千字　　　　　　　　　　　插　　页：1
版　　次：2020 年 1 月第 1 版　　　　　　印　　次：2020 年 1 月第 1 次印刷
书　　号：ISBN 978-7-213-09488-0
定　　价：58.00 元

如发现印装质量问题，影响阅读，请与市场部联系调换。

推荐序

　　"5G 时代到来了""2019 年是 5G 元年"……近年来，经常在新闻报道、网络评论中听到类似话题。在我的感觉中，4G 还仅仅是最近数年的事情，5G 就匆匆来到了。那么，5G 到底是什么？它的到来意味着什么？我一直没有一个清晰的答案。当拿到《5G 时代：生活方式和商业模式的大变革》的书稿，认真阅读并深刻领会书中的内容时，我才对 5G 有了较为全面的认识和了解。

　　该书从人们熟识的生活和工作场景开始，想象其中发生了许多因 5G 带来的变化。当然，这些变化是人们所希望的，因为 5G，人们的生活变得更加方便、有趣和丰富多彩，人们的工作变得更加便捷和高效。看完书稿，我的直观感觉是，其内容丰富，通俗易懂，深奥的 5G 技术被描述得浅显有趣，即使不懂 5G 的读者也能大致理解其到底有哪些特征，到底会给这个社会带来些什么。在该书中，不单写了 5G 如何改变生活，如何改变商务，同时还深入探讨了 5G 带来的风险，分享了 5G 时代我们应该做些什么。它紧紧抓住了人们对 5G 产生的主要疑问并给予了解答，帮助读者全面而深入地了解 5G。

在读本书之前，包括我本人在内的大多数人对移动通信系统都不甚了解。这本书通过介绍一些重要事件，让读者很快就能够对它有了直观的认识。在本书中，作者用 3 类典型应用场景解释了支撑 5G 的技术革新，同时解释了边缘计算、自动驾驶、物联网等现代科技最前沿的技术和领域，阐述了 5G 给这些技术和领域带来的巨大推动作用。围绕 5G 展开的国际竞争，帮助读者了解了 5G 发展过程中的国际形势变化。本书还对多个推动 5G 发展的代表性国家和公司进行了介绍，从中我们体会到了 5G 技术竞争的激烈程度，并领会到了 5G 将对全球社会带来多么大的变化和推动。书中还专门讲述了日本在利用方法的开发方面的领先地位，特别介绍了 NTT DoCoMo 等 4 家主要通信公司在 5G 技术中所做的巨大努力。这值得我们借鉴和学习。

5G 如何改变人们生活是读者最想知道的事情。作者选择了生活中与 5G 最为相关的几个方面，包括智能手机、娱乐服务、互联汽车、医疗、个性化识别、智慧城市及可穿戴装备。5G 的到来，推动了可折叠大屏幕手机的快速发展，通信费用进一步降低。5G 的推广对娱乐界也是一件重大的喜事。网上视频服务变得更加快捷和方便，超值视频等服务将会不断涌现，人们将会得到更多试听新体验。无论是看数字电视，还是在体育场现场观看，人们都会产生与 4G 时完全不同的感受。当然，各种网络游戏将会迎来一个新的发展期，用户能够无缝对接地玩游戏，云游戏将成为主导。

　　自动驾驶将以互联汽车的形态快速出现，依靠 5G 实现移动的革新绝非遥远未来的事情，具备通信功能，与互联网常态接通的汽车即互联汽车依靠 5G 将会得到迅速普及。当然，汽车本身也将因此不断进化。例如数字后视镜，它用摄像机取代了传统的后视镜。车载信息娱乐平台可以将汽车与车内每个人的手机连接起来。5G 可以使远程医疗成为现实，即使在遥远的山村，人们也可以享受来自大城市甚至海外的高水平医生的诊疗，利用 4K 电视会议系统开展医生和患者之间的沟通，依靠 4K 摄像机把高精密的患部通过摄影画面、超声波视频、磁共振（MRI）成像，与该领域高水平医院的皮肤科、心血管内科、整形外科等专家医生共用，从而实现快速诊断。

个性化识别使非现金结账更加普及，无纸货币时代很快就要到来。个性化识别还在更多领域推广应用，例如，利用5G的"无须触摸搭乘门闸""无人结账店铺""数字标牌"等。5G将使智慧城市成为现实，能源管理的最佳化、道路交通系统的高级化等目标都可以实现。另外，5G将推动可穿戴设备不断发展。可穿戴终端把用于保健功能的通信与用于日常生活的通信区分开来，通过收取不同的通信费来提供。

以上是5G对人们生活的改变。同样，5G也可以改变商务活动。通过5G带来经济效益最大的产业是能源产业和公用事业，具体包括智慧仪表及其基础系统、分散型电源的管理、大型发电设备的远程管理等。此外，5G在制造业领域也具有多种活用用途，例如，预测和检查在工厂运转的工业机器的故障、产业用机器人的中央控制及协调作业、在制造及配送环节的可追踪等。5G已在多国企业界引起了广泛重视，并已开展应用实验。另外，"本地5G"也已逐步成为热点，即把5G频谱做了只能在"自己的建筑物内"或"自己的地盘内"才能利用的分摊。5G技术还可以帮助人们实施天地立体监控，提升公共安全水平。5G 也将推动通信行业本身发生巨变。它不仅是提供高速率、大容量且高灵活性的网络，与云计算一起，它也将成为加速商务开发的基础设施。

该书还谈到了 5G 可能带来的风险。首先，5G 在最初应用阶段不能满足人们对它的迫切期望，它将受限于基站建设等各种因素。其次，隐私风险也是人们担忧的事情，因为个人信息必然被服务提供商获取并汇总，如何确保隐私不被泄露成为极其重要的课题。为此，我们必须考虑如何修改个人信息保护法。人们提出了"信息银行"的概念，希望它是解决问题的有效办法。另外，5G 可能会拉大地区间的数字差距，造成地区经济发展的不平衡等社会问题。

那么，人们面对 5G 时代应该做些什么？作者指出，人们应该认识到未来的通信业务将从通信运营商转向中心运营商；思考如何活用 5G，围绕 5G 创造更多的商业模式；从 5G 继续规划未来的 6G。

通过回顾全书内容，我们不仅对 5G 有了深入的了解，同时也唤起了我们更多的思考：5G 时代就在眼前，我们如何生活、学习和工作？我们能否适应这个新时代？能否在这个新时代中继续去创造？

相信每一位读者都能在这本书中有所收获。如果想了解 5G，了解我们所面对的新时代，推荐大家认真读这本《5G 时代：生活方式和商业模式的大变革》。

张涛

清华大学信息科学技术学院副院长

博士、教授、博士生导师

2019 年 8 月 28 日

序

Preface

202×年，某天的情景

本书将对 5G 是什么、5G 会使我们的生活及商务发生怎样的变化做出解读。在展开详细解读之前，首先让我们穿越时空，窥探一下在 5G 服务已经普及了的未来社会的情景。

都市丽人阿彩（20 多岁）的生活场景

周六，不上班的阿彩与好友约好去看演唱会。她决定提早一点出家门，买点东西之后再去与好友碰头。

平日阿彩都是乘坐电车通勤，于是她开始通过智能手机的应用软件搜索碰头地点的换乘路线，这时却得到"演唱会场附近的购物中心的停车场有空位""可以利用自己家楼下停放的共享汽车前往"的答复。

"那么，今天就调整一下心情驾车去购物中心吧，正好也要买点东西。"于是，阿彩决定自己驾驶共享汽车前往购物中心。

阿彩享用的共享汽车服务附带"使用一整天"的保险。由于阿彩平时开车很谨慎，没有不良驾驶记录，所以她的本次保费享受了折扣。能够用更便宜的价格享受这次共享汽车服务，阿彩感到称心如意。

5G 时代的换乘车搜索服务，不限于电车及公共汽车，还包括共享汽车、共享自行车及私家车。这让人们到达目的地的移动手段更加合理化。而且，阿彩之所以能够享受本次驾车的保险服务，是因为汽车能够接收驾驶过程中的各种信息，从而判断出驾驶人是否可以享受更优惠的保险折扣。

顺利到达购物中心，阿彩的智能手机的应用软件在购物中心的入口门闸处被自动识别后，阿彩便开始享受逛商店的乐趣。突然，在书店门前放置的显示屏幕上出现了阿彩每月都要购买的时尚杂志的特辑的影像。"啊，这个月的忘记买了！"阿彩急忙进入书店购买了那本杂志，然后离开了书店。

在 5G 时代，识别功能大幅提升，自动识别及常态识别已成为可能。在本事例中，因为阿彩的个人相关信息在入口的门闸处已被识别，因此她购买杂志就没有必要到收费处付款，购买杂志的费用可以从阿彩的智能手机的应用软件中注册的信用卡里自动转走。

阿彩在购物中心购买了自己喜欢的东西后，便去演唱会场入口的门闸处与朋友麻衣会合，然后两人一起进入会场。当然她们的门票在智能手机的应用软件中已被自动识别。

进入会场之后，两人发现会场比预想的宽敞许多，但阿彩不知道自己购买的座号位于哪个区域，正在阿彩四下张望、环视寻找之际，她的智能手机应用软件给出了"你的座号在紧挨着对面入口的地方"的提示。阿彩和麻衣又重新从对面入口进入会场，很快找到了各自的座位，刚坐好演唱会就开始了。

识别功能的提升带来了多种好处。在本事例中，会场上设置的摄像机拍下了阿彩和麻衣的举动，做出"这两个人找不到座位了"的判断，于是马上给两人的智能手机发出了正确的座号信息。

演唱会开始后，两人很快就陶醉其中，最精彩的舞曲响起后，阿彩想换到更近的地方去观看，便对麻衣说："如果能到更近的地方看就好了。"麻衣听到阿彩的话后，从随身挎包里拿出折叠屏手机，打开手机对阿彩说："虽然座位不能移动，但可以用它看。"阿彩看到，麻衣的手机画面上显示出来的是在舞台最近处拍下的视频。就这样，阿彩从麻衣的手机里欣赏了她最喜欢的舞曲。

　　5G让高速率、大容量通信成为可能，比如，多台摄像机从各种角度拍下的节目可以实时传送到智能手机上；通过舞台上的摄像机，人们可以实现在会场里的固定位置上从各个角度欣赏演唱会的愿望。而且，要想欣赏高精密度的视频，大屏幕的显示器最好不过，于是，易于携带的折叠型智能手机便应运而生。

　　欣赏完演唱会，依然兴致不减的两人走进购物中心的餐馆（cafe-bar）交流感想。两人一边用麻衣的折叠屏手机重新欣赏刚结束的演唱会，一边谈论各自中意的精彩瞬间。

　　到该回家的时候了，麻衣关掉播放演唱会节目的手机界面，发现今天出演演唱会的歌手的粉丝推荐了他们喜欢的其他歌手的演唱会，麻衣看到之后指着手机屏问阿彩："下个月去看这个演唱会吧？"阿彩赞同。阿彩将下个月的演唱会输入自己手机的日程表里，又自动预约了下个月去欣赏演唱会时所需驾驶的共享汽车。

手机的推荐功能也越来越高级了。如果使用了手机软件的推荐服务，其他服务就会互相联动，这样就大大提高了手机用户的便利性。

真的应该回家了，阿彩由于过于兴奋，在餐馆里喝了点酒，于是决定乘坐电车回家。没喝酒的麻衣驾驶在停车场停放的共享汽车回自己的家。阿彩跟麻衣道别："那么，下个月一起去看演唱会吧。"

回到家中准备睡觉的阿彩，在床上一边"哗啦哗啦"地翻看着刚买来的时尚杂志，一边对着手机说："打开音乐听听。"手机立刻播放了下个月要去观看的歌手所演唱的曲目。夜已经很深了，手机自动播放的都是一些让人感到轻松舒缓的曲目。"期盼着下个月的演唱会。"阿彩在喃喃自语中进入了梦乡。

由于识别的高级化，比如共享汽车之类的共享服务变得更加灵活方便，并且各种服务通过识别相互附带，在人们选择了某一服务项目时，其他的服务项目便可以与之合理搭配。不只是手机用户自己选择并确定下一步要做的事情，手机的应用软件还会根据时间、天气、居住场所等周边环境信息综合考虑，为手机用户提供最合理的方案。

工厂负责人健太（40多岁）的生活场景

在汽车零部件工厂担任生产管理负责人的健太，利用私家车通勤。他在上班时总是从自家附近的立交桥上高速公路，这天，他刚进入高速公路不久就碰到前方交通拥堵，正想越线超车时，他的汽车监测到从后面有追上来的汽车，便从汽车音箱中发出"滴滴滴！后方有车靠近，请不要变更车道"的提醒。健太的汽车没有后视镜，取而代之的是用摄像头拍摄后方情况，并将拍摄到的影像投放到前方挡风玻璃上来确认后方情况的装置。在投放出来的后方情况的影像上面，叠加靠近汽车的影像，就会显示出后方车辆与健太的车的距离、车行速度、还有几秒就能追上等信息。健太的车以比较缓慢的速度行驶，所以如果变更车道，就很可能被后车撞上。健太自言自语道："刚才真的很危险。谢谢！"

5G能够实时传送车载摄像头所拍摄的影像，不仅能够取代后视镜单纯的显示后方的车辆信息，还能够将多种信息及时反馈给驾驶员，因此可以增强安全驾驶功能。

健太离开高速公路驶上普通道路，又行驶一段就进入一个十字路口。这时，行驶在健太前方的汽车想要左转，健太正想向右避让并直行的时候，他的汽车音箱又响起提醒："滴滴滴！对面车线的摩托车正要右转。请注意之后再直行。"

在健太汽车的挡风玻璃上可以投放前方车辆前方的影像，能够看到从对面方向车道右转过来的摩托车。前方车辆用摄像头拍下前方的影像，将其传送到健太的车上，健太就能掌握前方车辆的状况。"真的是很危险的摩托车啊。"健太一边这样想一边驶向工厂。

就这样，所有的车辆都成为"互联车"，其他车辆拍摄到的影像、取得的数据也可传输给自己的汽车，供自己的汽车做出综合判断。

到达工厂停车场的健太将汽车切换为自动驾驶模式，在他确认当天的工作日程时，汽车已经自动进入停车位。健太下车走向办公室，换上工作服进入工厂。

虽然在公路上实现完全自动驾驶尚需时日，但是在停车场内等限定的空间则可以早日实现自动驾驶。通过利用5G技术，在特定的区域及建筑物内等限定的环境之下，谁都可以成为通信运营商，这一架构正在形成。

工厂内的生产线已完全实现自动化，利用机械手顺利展开协调作业，每道工序都通过海外的总部云上的控制算法实现最佳化。

健太的工作是根据国内的订货情况确定产量。不仅从客户也就是汽车厂家那里得到以往的订货量，还根据汽车本身的需求及经济运行状况通过 AI（人工智能）预测出最佳产量。健太在 AI 给出的数值的基础上，根据他与客户平时接触中所预想到的交易数量，在综合考虑之后做出最终判断，然后将判断结果反映在生产线上。工厂内的各种设备都具有通信功能，品质不同的多条通信可以同时传输。5G 为管理上述状况嵌入了最佳技术。

到了下午，健太对当天的生产线发出的指令已经大体就绪，于是他把管理生产线的业务交给部下，决定与担任营业员的翔太一起去访问客户。客户距离电车站非常近，因此两人乘坐电车前往。客户对健太所在公司生产管理的零部件的品质给予了很高评价，健太得以从客户那里拿到了比以往数量更大的订单。

在从客户那里返回的电车里，翔太对健太说："为了庆祝拿到大额订单，一起去喝一杯吧？"健太虽然是驾车上班的，但他通过手机软件一查，电车的下一站有公交车通往自家附近。

健太回答："好啊，去吧。不过在下一站下车喝点的话我回家就方便多了。"电车里设置的发布广告信息的显示器，听到健太他们的对话之后，播放出下一站附近新开张的小酒馆的介绍影像，正好还有空位。翔太用自己的手机预约了那家酒馆。电车里显示器播放的广告，虽然是将预先拍摄的画面反复播放，但是由于5G的嵌入，它能够随时根据周围环境信息做出精准度更高的广告提示。

两人下车之后，预约了酒馆的翔太的手机将两人引导至酒馆。两人在酒馆推杯换盏之时，突然想起健太所乘坐的公交车的末班车发车时间马上到了，于是两人急忙离开酒馆，健太跳上刚好开过来的末班车。当然，因为翔太在预约酒馆时已经做了识别，酒菜的花销已自动从翔太的手机里转到了酒馆的账户上。

健太在电车里给翔太发了"多谢了"的短信，便踏上了返家的路。

依然活跃的老人阿源（70多岁）的生活场景

已经从长期工作的公司退休的阿源，婉拒了在市中心居住的儿子夫妇发出的比邻而居的约请，与老伴两人到离市中心较远的地方居住下来。他虽然长时间走路会略感疲劳，但身心依然健康，过着快乐的生活。

他仍然坚持着年轻时就养成的爱好——摄影，只不过过去使用照相机，如今换成了手机。今天他要去参加摄影爱好者的集会，出行方式使用的是电动椅子式的个人移动车（personal mobility）。

坐上个人移动车的阿源发出指令："到经常去的社区中心。"个人移动车发出"知道了"的声音，便从自家出发了。个人移动车一边发出"右转""红灯亮了，停止"的声音，一边导航到社区中心，阿源对着自动驱动的个人移动车说"好。劳驾"。

依靠5G技术，电动椅子式的个人移动车越来越高级。首先是具有导航功能，其次是实现了自动行驶。

与此同时，在阿源的儿子真一的手机上接到了"阿源已经从自家出发去社区中心了"的短信通知。阿源的个人移动车是真一送给他的礼物，真一在将这个礼物送给他的父亲阿源时说："这台个人移动车，在您老人家使用的时候，以及万一摔倒的时候，一定会给我的手机发出通知，请您老放心。"阿源对分隔较远的儿子通过个人移动车守护自己这件事感到很欣慰。

远程守护虽然不需要5G也可以做到，但是，个人移动车具有通信功能，可以为利用者提供便利。可以将利用者的承诺，以及守护所必要的最低限度的信息发送给另一方。因为，对于保护个人隐私的考虑已经成为重要的社会课题。

阿源到达社区中心，与摄影爱好者们互相欣赏拍摄的照片并互相评论。阿源操控类似手表形状的可以佩戴的终端，用手机拍出了构图别具一格的照片。这个可以佩戴的终端不但具有操控手表和手机的功能，还具有将监控到的心率及心电图传送到常去的医院的功能。万一有异常情况发生，这个终端不仅会给阿源本人发出提醒，还会将提醒发送给真一。

　　之前，在可以佩戴的终端发出的信息显示为异常数值的时候，从医院发来的提醒没有得到阿源的应答，真一给阿源打电话又无法接通，真一急忙呼叫救护车。救护车根据阿源的位置信息赶到时，发现阿源并无大碍。自那以后阿源总是将该终端佩戴在身上。

　　可以佩戴的终端具有手机所不能发挥的作用，很可能会得到普及。5G可以做到将佩戴这一终端的人的心率及心电图实时发送到医院，在出现万一的情况时可以迅速由医生做出诊断。

　　真一正放心地说着"爸爸今天又去参加摄影爱好者集会了，依然精神饱满"，他的儿子贵志凑过来问："爸爸，今天的棒球比赛不知道哪个队会赢？"贵志对观看今晚的棒球比赛充满期待。真一家从阿源，到真一，再到贵志，祖孙三代都是棒球迷。

　　正在阿源与同是摄影爱好者的伙伴们兴高采烈地谈论照片的时

候，他发现了真一发送到他手机上的短信，短信内容是"今晚的棒球比赛从18点开始，不要耽误了观看"。阿源一下子想起这回事，匆匆忙忙往回赶。

回到家的阿源走进家庭影院，坐在沙发上，将VR（Virtual Reality，虚拟现实）耳机戴在头上。通过VR技术，即使在自己家中也能够用一种亲临其境的感觉来观赏棒球比赛。

马上就到18点了，正好开始观赏比赛。

VR技术通信数据容量大，兼具实时性。可以说，这些功能只有在5G时代才能真正实现。

话说真一和贵志赶到了体育场。贵志刚说完"不知道爷爷是否做好观看准备了"，真一的手机就接到了短信通知："已经佩戴好VR耳机了。"

真一对儿子贵志说："嗯，你爷爷已经准备好了。"真一和贵志打开了设置在每个座位上的平板电脑。体育场从各种角度拍摄击球手的位置，观众可以用手头的平板电脑从各自喜欢的角度观赏比赛实况，漏看的场面还可以通过"后退"功能重新观看。真一和贵志的声音可以实时传送给阿源，阿源的声音同样可以实时传送给真一和贵志。

阿源和真一他们爷俩都做好了观看比赛的准备。刚好裁判发出"发球"的声音。阿源、真一、贵志助威的球队是进攻方，最先击球的队员站在击球位置，刚想起第一球已经投过来的时候，没想到竟然是"全垒打"！过于兴奋的贵志情不自禁地发出喊叫，阿源也不由自主地高喊起来。

　　这晚，阿源与真一、贵志观赏棒球比赛非常尽兴。

　　在 5G 时代，各种信息绝非单向传送，而是可以做到互相交流的。

　　　＊　　＊　　＊　　＊　　＊　　＊　　＊　　＊　　＊

　　通过上述 3 人身上发生的故事，我们介绍了 5G 带来的未来的部分生活场景。与刚刚迎来 4G 的时候同样，5G 也是如此，将出现谁都预想不到的服务，促使我们的生活及商务发生巨变。

　　那么，对于 5G 的架构，以及 5G 将会带来什么样的变革，我们从第 1 章开始细细道来。

目　录

Contents

第 2 章

5G 改变生活

第 3 章

5G 改变商务

前　言
Preface

2020 年春，日本将开始进入 5G 时代。面对这一通信业的重
大变革，各种媒体都开始频频出现 5G（5th-generation mobile
communications system，第五代移动通信系统）这一词语。

为了让那些对技术及通信商务并不熟悉的人也能够容易理解
5G，本书围绕这个 "5G"，给出了通俗易懂的解读。

对于 5G，人们更多的认识是与现在的 4G 相比通信速度更快，
"智能手机速度变得更快" "一部大片几秒就能下载完毕" 等。但这
些只不过是 5G 的技术革新的一小部分而已。5G 所带来的变化绝不
仅仅体现在智能手机及平板电脑上，而是蕴含着让我们生活的各种
场景都发生重大变化的可能。并且，5G 不只应用于生活场景，其在

商务场景的广泛应用也备受人们期待。各行各业的企业都在思考如何利用5G促进本企业的商务发展。5G将给所有的商界人士带来发展事业的机会。

本书通过梳理在5G应用领域已经走在前面的部分先进事例，了解我们的生活方式及商务活动会在5G时代发生怎样的变化。在进行具体的介绍之前，我在序言部分对5G时代的生活方式进行了预测，作为虚构的情形给大家做了一些介绍。

第1章为了加深大家对5G的基本理解，我们一起回顾移动通信的历史，将技术创新的具体内容尽可能通俗易懂地加以说明。对日本及世界的5G现状和今后的展望也有所触及。

第2章介绍一些先进事例，让读者了解5G将给我们的生活方式带来怎样的变化。在5G时代，绝对不仅仅是智能手机的进化，娱乐、移动、医疗／护理等围绕生活的服务将会怎样变化？提升上述所有服务质量的识别及个性化将如何进行？除了对上述各个方面进行介绍之外，我还围绕都市将出现哪些变化、取代智能手机的个人通信设备将是什么等进行预测。

第3章围绕5G将给商务带来的影响，按产业／行业进行介绍。对水电气等公用事业、制造业、防范／安保等公共安全，以及公共交通产业将发生怎样的变化等予以介绍。而且，5G 也促使通信业自身发生变化。特别重要的是，5G 促使商务模式向 "B2B2X" 方向转换。我对这些也会加以详细解读。

以上 3 章的内容都是围绕 5G 将带来的光亮一面进行的介绍，第 4 章将触及 5G 所带来的阴暗的一面。也就是说，我在这一章要介绍 5G 将带来怎样的风险。同时，在第 5 章我将为人们拿出面对 5G 时代我们应该怎样做这一具体的对策。

本书不仅围绕 5G，对其他通信技术及业界的热门话题也多有涉猎。相信本书会成为人们理解通信行业及其影响的入门书。

另外，本书是以 2019 年 4 月这一时点以前的信息为基础撰写的，本书所涉及的各种事例没有特别注明出处的，都是以这些企业公开发布的信息及网站主页作为参考的。

2019 年 6 月

龟井卓也

第 1 章

5G 成为话题

移动通信系统出现的巨变

（(𝑝)) 从移动电话到"平台"

所谓 5G，就是第 5 代移动通信系统。在发展到 5G 之前，我们经历了 1G、2G、3G，现在我们主要是在利用 4G 的移动通信系统。4G，或者说作为其通信规格的 LTE（Long Term Evolution，长期演进技术），我想大家都应该听说过。

首先，我把日本的移动通信系统是如何进化的，做一下简单回顾。

1979 年，当时的日本电信电话公社（经营电信电话业务的国有企业）将车载电话实现商业利用。在 20 世纪 80 年代，电信企业开始提供能够拿着走的"移动电话"（在中国当时被称为"大哥大"）服务。那时的移动通信系统是 1G。它的工作原理如同收音机，采用的是将声音变换为跟随电波的信号来传输的"模拟方式"。此后，移动通信系统每隔 10 年便发生一次革新。

模拟方式在传输品质和传输距离方面有很大局限性。后来，把数据变换为由 0 和 1 构成的数字随同电波传输的"数字方式"的技术开发取得进展。20 世纪 90 年代便是这种依靠数字方式实现传输的移动通信系统，即 2G 时代。

依靠数字方式实现传输的移动通信系统，使数据通信变得更容易，移动电话成为不仅可以传输通话（声音），还可以提供以邮件为主的数据通信服务的终端。

1999 年，可以说移动电话迎来了历史性革命。NTT DoCoMo（日本最大的移动通信运营商，全称为 NTT Do Communications over the Mobile network）公司的 i mode 开始放号。同年，DDI 蜂窝电话公司（现在是 KDDI，冲绳移动电话）开始提供 EZweb 服务。第二年，J-PHONE 开始提供被称为 Sha-Mail（sha 为"写"的读音）的电子邮箱服务。

这一时代，手机开始由人与人之间无论何时何地都能沟通交流的移动电话，进化为人与人之间无论何时何地都能利用和开展服务的平台。

(((ρ))) 智能手机的闪亮登场

i mode 和 EZweb 业务开始提供服务的时候依然是 2G 时代。2001 年开始进入 3G 时代，3G 成为最初作为国际标准得以确认的移动通信系统。正是因为这样，日本的移动电话终端在海外也能够使用了。2001 年，NTT DoCoMo 在日本国内开始提供 FOMA（Freedom Of Mobile multimedia Access 的缩写，意即自由移动的多媒体接入）服务，这是 3G 商用服务在全世界的首次登场。从 2G 进化到 3G 的通信，实现了高速率、大容量，使得 i mode 和 EZweb 这些在平台上的服务一下子普及开来。

尽管如此，移动电话终端的主流依然是具有特色的功能机。直到 2008 年软银公司提供了 iPhone 3G 业务，这是在日本国内放号的最初的 iPhone。随着智能手机的爆炸性普及，软银公司取得了跨越式发展。

iPhone 直到今天在日本国内依然具有压倒性优势，可见当时 iPhone 3G 在日本放号所具有的历史性重要意义。

在 3G 普及之后，面向通信高速率化的研究开发依然没有停步，先后有被称为 3.5G 及 3.9G 的业务出现。上述的 LTE 从严谨意义来说就相当于 3.9G。

2012 年，国际标准化组织对下一代通信方式做了整理归类，作

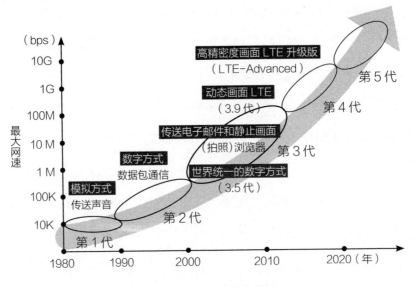

图 1　5G 通信技术进化历程图

资料来源：根据日本总务省资料绘制

为 4G 开始面向全球展开推广。在包括 iPhone 在内的智能手机上提供的服务，在 4G 环境下得以迅速普及。为了获得商机，各通信公司的业务不断推陈出新，特别是为了适应 4G 这一环境的变化，视频传送及手机游戏等大容量内容的业务得到普及。

图 1 即为 5G 通信技术的进化历程图。

用户的不断增加和新服务业务的不断推出，形成了良性循环，如今在智能手机上提供的服务已经形成了规模相当庞大的市场。

5G 真正走向商业化

如上所述，移动通信系统随着杀手服务（killer service）的不断进化而发展到今天。简而言之，1G 就是声音通话，2G 就是在 1G 的基础上加上电子邮件和网页，3G 就是在 2G 的基础上加上平台和服务，4G 就是在 3G 的基础上加上大容量内容。

随着移动通信系统的不断进化，具有革新性的服务也不断推出。这些服务对移动通信系统提出了更高的要求，为了满足这些要求，移动通信系统不断取得进化。如此这般相互促进，移动通信系统取得了日新月异的发展。通信业务量可以为此提供充分的证明。根据日本总务省的《我国移动通信业务的现状》显示，如今日本国内移动通信的业务总量依然呈现指数级增长。如此势必对移动通信系统的革新提出更高的要求，5G 时代的到来已然不可阻挡。

支撑5G的技术革新

(((ᵧ))) 3 类典型应用场景

在了解 5G 所带来的变化之前，有必要理解 5G 到底是什么。从 4G 到 5G 的进化是从技术意义上来看的变化，要想理解 5G，必须理解支撑 5G 的技术。由于本书不是技术方面的书籍，所以不能详细介绍，只能介绍其中的一小部分。

在上文介绍移动通信系统的历史演进时，涉及了要开展标准化作业的内容。要想由各国通信行业的相关者共同制定出各国都接受的国际标准，首先必须对"5G 到底能够实现什么目标"这一愿景达成一致意见。

关于通信的国际标准化组织是国际电信联盟（International Telecommunication Union，ITU）下属的无线电通信组（ITU Radio communication Sector，ITU-R）。该组织在标准化之前，于 2015 年 9 月，针对 5G 发布了被称为 ITU-R M.2083 的愿景。其中，给出了 5G 的 3 类典型应用场景：

1. 高速率、大容量通信（enhanced Mobile Broad Band，eMBB）；

2. 高可靠、低时延通信（Ultra Reliable and Low Latency Communications，URLLC）；

3. 大规模 IoT（massive Machine Type Communications，mMTC）。

这就意味着 5G 不仅要实现此前的"通信变快"这一进化，还要实现"高可靠、低时延的通信""大量存在的终端能够同时接通的通信"这种跨越式的进化。

作为给出愿景之后的标准化进展，3GPP（3G Partnership Project，意即 3G 伙伴关系计划，是制定移动通信系统技术版本的项目组）于 2018 年 6 月制定了被称为 R15 的初期标准版本，为 5G 的商业化做好了准备，预定在 2019 年末制定完全满足上述 3 个条件的 R16 标准版本。

(( )) 实现高速率、大容量通信的技术

下面来介绍为了实现上述 3 类典型应用场景的技术。

高速率、大容量通信就是要实现多种技术的组合。5G 与 4G 的最大区别，就在于 4G 以前的移动通信系统难以被广泛应用，而如今控制高频率值的电波的技术已经相当成熟了。

分摊给 5G 的电波由被称为 sub6 频谱的 3.7GHz 频谱、4.5GHz 频谱及毫米波的 28GHz 组成。在 4G 以前所利用的电波中，最高的频率值是 2014 年 12 月被分摊的 3.5GHz 频谱。由此可知，5G 电波的频率值是多么地高。

通过如下两种技术：一是收集基站天线信号的大规模天线（Multiple Input Multiple Output，Massive-MIMO）技术；二是将天线信号发出的具有高度指向性的电波传送给手机终端的波束成型（beam forming）技术，可以将容易减弱（无法做到长距离传输）的高频率值的电波在减轻各基站之间干扰的同时实现远距离传输。

传送数据的电波群被称作副载波，5G 可以用高频率值确保连续的电波带宽，所以，5G 能够把副载波的幅度变得更长。也就是说，5G 能够用更大的电波群传送数据。

为了给出具体的场景，我们把依靠电波传送数据比作利用公交车运送乘客。所谓 5G，就好比在新铺设的、更加宽广的道路上行驶比以往更大型的公交车，与以往相比能够运送更多的乘客。

通过将具备这种要素的多种技术组合在一起，5G 时代的网速将能够超过 4G 时代的 10 倍以上。

具体来说，4G 下坡（从基站朝着手机终端的通信传送）充其量可以传输 1Gbps（bit per second，bps，1 秒之间传送的数据通信量）的速度带宽，上坡（从手机终端往基站方向的通信）充其量可以传输几百 Mbps 的速度带宽。而 5G 下坡可以传输 20Gbps 的速度带宽，上坡能够达到 10Gbps 的速度带宽。

这是 5G 在规格方面所必须达到的性能要求。当然，实际的网速还要看终端的款式及通信运营商的网络设计。但总体来看，5G 具有 4G 无法比拟的高速率，特别是在上坡方面优势更加明显。这是应该瞩目的一点。

在第 2 章，我将要举出灵活运用 5G 的具体事例，那样大家就会真正感受到上坡功能得到强化的应用场景。

([•]) "边缘计算"成为可能

5G 的时延是 1 毫秒，为 4G 的 1/10。这样的低时延可以实现多种技术的组合。

在此本来应该涉及类似于缩短数据传输间隔的、在无线通信的各区间内低时延的技术，但本书仅举如下一点，作为从直观上容易理解的技术革新，边缘计算（edge computing）的实装变得更加容易了。

譬如，用某部手机获取互联网上的某些内容这一通信方式，通常的下载流程是，先通过手机→基站→通信运营商的网络（核心网络）→互联网上的服务器来获取内容，再沿着互联网上的服务器→通信运营商的网络→基站→手机这一反方向的流程来下载。

与上述流程完全不同的边缘计算，是指手机→基站→在基站旁边设置的服务器→基站→手机这一大大缩短的通信路径来完成下载任务的方式。换句话说，在通信运营商网络边缘（edge）的基站进行必要的数据处理，也就是计算（computing），故称边缘计算。

边缘计算的架构如图 2 所示。

将边缘计算也类比为利用公交车运送乘客。

请在大脑中浮想如下场景：某人要到政府部门办一件事，需要乘坐公交车到市政府。假如在他家附近有市政府的派出机构的话，那么他就会很容易往返那里，与需要乘坐公交车到遥远的市政府相比，办事所花费的移动时间就会大大缩短。重要的问题是，为了给更多的市民提供这种行政服务，必须遍地设置政府的派出机构。

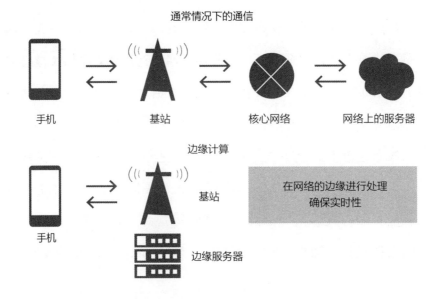

图 2 边缘计算的架构

话题回到边缘计算上来，为了实现用户的实时传送的愿望，必须在每个用户的附近设置处理数据的服务器，那样无疑会投入巨额的费用并耗费太长的时间。因此，与面向全国提供服务相比，为限定区域提供服务就成为最佳选择。

实装边缘计算这种方式变得容易起来，起因于 5G 的网络采用了 C/U 分离这一架构。

通信有两种：一种是以控制为目的的通信，需要能够识别哪个终端与哪座基站相连接，终端是不是处于能够通信的状态；一种是以传送数据为目的的通信，或者下载内容，或者在线订货。

现在这两种通信可以一体化运用。5G 将系属于控制的通信作为控制维度（Control plain）捆在一起，将系属于传送数据的通信作为用户维度（User plain）分开设计，因此称其为 C/U 分离。据此，经由互联网的通信和需要经过边缘计算做出处理的通信并存下的网络管理就变得容易起来。

((ı)) 网络的灵活性大大提高

通信因其被利用的方法不同而要求满足各种不同的条件。

例如，要想实现汽车的自动驾驶，必须能够监测周围的车辆、交通标识、信号灯及行人等信息，根据解析结果控制方向盘、油门及刹车，这些通信的接续绝对不能被切断。我们可以想象一下，监测到有行人突然出现时必须刹车的场景，绝对不允许出现通信的延时。

如果是自动收集水、电、燃气这些仪表的数据，将这些数据汇总计算缴费的通信，对实时性的要求就显得不那么重要了，只要定期在通信量比较少的时间带进行即可，即使出现通信失败重新传送也不是不可以，不至于出现致命性的事故。这种通信很可能还要计算平均每次通信的成本，尽可能将成本降到最低。

由于 5G 采用 C/U 分离的方式，在多种通信混杂的情况下，充分考虑整个网络的混杂状况并进行最佳的资源配置就变得很容易。这时，可以根据通信的种类不同，将网络层次假想为切为薄片分成多层的网络作业切片技术。网络作业切片的架构如图 3 所示。这一技术在 5G 条件下变得很容易实装。

因为 C/U 分离和网络作业切片并非无线区间的技术革新，因此目前还很少有人谈论。但是，两者都是能够提高网络设计灵活性的技术革新，有必要将其作为扩展 5G 商业化运用最好应该具备的知识记到脑海里。

4G 以前
各种通信混杂在一起

5G 以后
将各种通信做最佳层次化

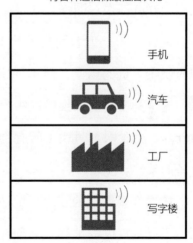

图 3　网络作业切片的架构

(ᵗᵖ)) 使大规模物联网成为可能的技术

同时接通许多终端，意味着一座基站可以为大量的终端提供服务。

在 4G 情况下，一座基站有时会出现 100 部左右的终端同时接入就会因过于拥挤而无法接通的情况。而 5G 超过它的 100 倍，即使有 10000 部左右的终端同时接入也能保证网络畅通无阻。

这样一来，大家可能都会想到在一个区域内有众多的人都在同时使用手机的场景，但这种技术可以说是在各种地方埋设了传感器，这是利用通信来收集这些传感器发来的数据的 IoT（Internet of Things，物联网）时代（所有物品都与互联网联通的时代）所必须具备的条件。

接通许多终端的技术目前还仍然处于标准化作业阶段，在此介绍一下日本提议的被称为无须许可（Grant Free，或互赠）的方式。这个方式是日本国立研究开发法人信息通信研究机构（NICT）提出的。简而言之，就是将终端和基站的系属于控制的通信做简化处理（simple），以此来避免出现网络拥挤。

通常情况下，终端和基站之间开始通信的时候，两者之间要

对利用电波的频率和利用的时间进行沟通，基站要发出事前许可
（Grant）。而无须许可方式将这种事前许可的沟通省略了，直接传送
数据。无须许可的架构示意图如图 4 所示。虽然也将冒着传送失败、
数据出现缺损的风险，但事前已设计好一旦出现这种情况将会再次
传送的架构。

在这里依然举用公交车输送乘客的例子。此前的通信是为了确
定把乘客送达目的地，在乘客上车之前，司机（或售票员）要与乘
客反复沟通，确认之后再让乘客上车。这是以往的场景。如果出现
忽然有大批乘客涌来的情况，司机（或售票员）就可能出现精神崩
溃的情况。所以，无奈之下，事前沟通就可免去了，先让这些乘客

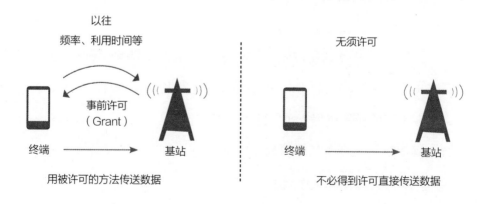

图 4　无须许可的架构

上车再说。可以让更多的乘客上车，对司机和乘客来说两全其美。这是另外一种场景。

4G 以前的通信都进行了合乎以下载为中心的利用方式的设计：用户要按动想观看的视频的开始键，下载观看或者重放观看。在从现在开始进入的 IoT 时代，海量的传感器发出的大大小小的数据同时上传，这时作为回避上传拥挤的设计，无须许可方式那样的大规模同时接通的技术就显得非常重要了。

(((ᵢ))) 数字转换的基础

德国为了充分利用数字技术推进其主导产业即制造业的发展，正在实施被称为"工业 4.0"的战略规划。根据产品的订货状况，对设置在工厂的操作机器人进行远程控制和自动控制，利用 AI 解析安装在操作机器人身上的传感器得到的数据，监测故障及停电的预兆并做出应对，以提高工作效率。

与此同时，德国正在谋求从将操作机器人当作商品销售的商务模式转向另一种商务模式，即把"使用操作机器人大幅提高工厂生产线效率和设备运转效率"这一给客户带来的好处本身作为附加价值的销售服务的商务模式。

其代表性企业之一就是德国的博世（Bosch）。在 2018 年的世界移动通信大会（Mobile World Congress，MWC，移动通信行业世界最大规模展会）上，博世充分展示了 5G 在"工业 4.0"中发挥的重要作用，其中大部分内容都是依靠前文介绍的网络作业切片给该公司的制造 / 销售业务带来的革新。虽然网络作业切片这一想法或者说这一技术以前就存在，但是依靠 5G，其应用价值得以大大提升。这也是人们期盼 5G 时代尽快到来的原因之一。

"工业 4.0"战略规划的主要目的在于将数字技术最大限度地应用于制造业，像这种针对传统产业（原有产业），通过利用通信、AI和内置各种传感器等技术手段，实现公司内部决策模式及商务模式的革新，被称为数字转换（digital transformation）。

企业在描绘数字转换的面貌时，必须将控制和数据的流程嵌入商务或操作的各个环节之中，紧跟每时每刻都有庞大的控制信号和数据产生的时代步伐，对 5G 的架构及技术要素进行设计，所以，5G 被称为数字转换的基础。

　　本书将在第 3 章介绍数字转换应用于各种产业的可能性。在此只对数字转换这一词语做一简要介绍。

围绕5G展开的国际竞争

在日本，人们围绕 5G 展开的谈论，如"即将开始提供服务的 5G 到底是什么""5G 将引发哪些变化"等话题充斥各种媒体，本书也是围绕这些问题来写的。5G 既不是未来的技术，也不是没有实体存在的潮词（噱头词）。如今在世界上已经有国家开始了 5G 的商用服务，也有许多普通消费者与通信运营商签署了 5G 手机协议。因此，本节将围绕世界的 5G 竞争局面进行介绍。

处于 5G 领先地位的是美国和韩国，这两国都已经在 2018 年开始了 5G 的商用服务，中国及欧洲的部分国家紧随其后。此外，还有其他许多国家急于 5G 商用化，如卡塔尔的通信运营商——卡塔尔电信（Ooredoo）宣布，它已经于 2018 年 5 月在全世界最先开始了 5G 的商用服务；中东、东盟及中亚也有一些国家对 5G 的尽早商用化非常积极。2019 年，世界上的许多国家都已开始提供 5G 服务。日本 5G 商用服务将于 2020 年开始，从世界范围来看，这个时间不能说开展得早。

((ᵖ)) 美国威瑞森在世界上最早提供 5G 商用服务

美国于 2018 年 11 月，对 5G 的频率进行了拍卖。美国最大的通信运营商威瑞森电信（Verizon）自 2018 年 10 月开始提供名为 Verizon 5G Home 的商用服务。之所以该公司能够在对频率进行拍卖之前就先行一步开始提供 5G 服务，是因为该公司提前并购了一家拥有 5G 频率的公司。

Verizon 5G Home 被称为固定无线连接服务，不是为手机，而是为安装在家里的固定电话提供的服务。

在通常情况下，在自家布设无线 LAN（局域网）环境时，需要与通信运营商签署协议，通过施工将线路接入自家的通信终端，用无线 LAN 将自家终端与其他终端相连接。而固定无线接入无须布线，只用在自家安装的终端就可以创造出无线 LAN 环境。在日本，软银公司也提供被称为 Softbank Air 的服务，将这个家庭终端用 5G 连接起来，其实就是前文所讲的 Verizon 5G Home。

威瑞森电信已经在印第安纳波利斯、萨克拉门托、洛杉矶、休斯敦 4 个城市提供该项服务。移动通信系统要首先建好基站，所以服务开始时的区域拓展必然受限。

其速度带宽最大不超过 1Gbps，通常情况下都是 300Mbps，收费方案是，最初的 3 个月免费，此后与该公司签署过手机通信协议的会员为每月 50 美元，没有签署协议的每月 70 美元。同时，它还与 YouTube TV（优兔电视，美国的电视节目转播服务）、谷歌的流媒体播放器 Chromecast ultra、苹果电视 4K 显示器（这些都是用电视机接收网络视频转播服务的终端）等免费互联。

该公司提供的这款服务项目的特征是，并没采用 3GPP 确定的 5G 的标准版本，而是采用该公司自己确定的版本。这给人一种急于采用独自的版本建设基站开发终端的印象。该公司之所以这样着急，无非是无论如何也要获得"全世界最先开始提供 5G 商用服务的通信运营商"的称号。

没依据国际标准、网速也是 5G，虽然不够十全十美，但利用难以掌控的毫米频谱来构建局域网，以如此之快的速度达到了为普通消费者提供服务的目的，足以证明该公司拥有非常强大的技术力量和服务提供能力。

下面来看美国第二大通信运营商——AT&T（美国电话电报公司），同样不是面向手机，于 2018 年 12 月通过移动无线热点（mobile hot spot，移动路由器）为亚特兰大、夏洛特、达拉斯等 12 个城市提供服务。

AT&T 在其发布的新闻中称，该公司在世界上最先推出了依据国际标准的移动 5G 网及终端。AT&T 首先为受到限定的客户提供服务，在最初的 90 天内无偿提供终端、无须缴纳通信费，自 2019 年春开始，移动无线热点终端每部 499 美元，通信费 15GB 每月 70 美元。

虽然世界最先的宝座被威瑞森公司夺取了，但无论从依据国际标准、为移动终端提供服务等来看，还是从事业的可持续性、用户的便利性等观点来看，都是 AT&T 的做法更加可靠。

((ᵖ)) 5G 是"选择权"的服务

威瑞森公司于 2019 年 4 月 3 日开始面向手机用户提供 5G 服务。威瑞森将开始日期不止明确到"月",还明确到"日",其理由我在后文详述。

威瑞森的 5G 服务提供区域为芝加哥和明尼阿波利斯这两个城市,能够接受通信服务的手机仅限于摩托罗拉公司生产的 MotoZ³。MotoZ³ 是当时已经不再销售的手机,并非 5G 智能手机,而是将各种功能通过被称为 Moto Mods 的模块再附加而设计的手机。

威瑞森在 2019 年 4 月 3 日开始提供 5G 服务的同时,销售一种被称为 5G Moto Mod 的附有 5G 通信功能的模块,作为 5G 手机提供给用户。

不过,5G Moto Mod 是附有天线的类似手机套那样的模块,通常的售价为 349.99 美元,对提前预约的限定用户售价为 199.99 美元。

通信费用套餐采用原有套餐的选择权那样的设计。所谓选择权,是指用户可以自己选择哪种收费套餐。对于已经与威瑞森签署不限量套餐(unlimited plan)协议的用户,如果还想利用 5G,则在原有协议基础之上每月再多缴 10 美元即可。

　　这里所说的不限量套餐，如同日本的通信协议那样，没有所谓的流量限制，无论如何使用，每月缴纳固定费用。但是，其在网络拥堵时及超过一定的使用时间时，网速可能会变得迟缓。

　　如上所述，美国自 2019 年 4 月开始提供 5G 手机的商用服务。

((ɣ)) 韩国也非常看重"世界最先"

　　韩国的 SK 电信、KT、LGU+ 这三大移动通信运营商都积极致力于 5G 的尽早商业化。在 2018 年 2 月的平昌冬季奥运会期间，世界最早的 5G 试验获得成功。

　　经过 2018 年 6 月的频率拍卖，在首尔等主要城市及济州岛等地区，各大公司都构建了自己的 5G 区域。KT 的黄会长在世界经济论坛的年会（达沃斯会议）及 MWC（世界移动通信大会）2019年会（2 月 25 日—28 日在巴塞罗那举办）期间，都明确提出"韩国已在 5G 方面成为世界的领头羊"。因此，韩国也被人们称为"5G先生"。SK 电信和 LGU+ 也在强有力地推进区域拓展和平台开发，表现出"韩国引领 5G 时代"的强烈意愿。

这三大通信运营商步调一致，都从 2019 年 4 月 3 日开始面向手机提供 5G 服务。与服务相对应的手机都只采用三星公司的 GalaxyS10 5G，三家公司都制定了专门针对 5G 的新的收费套餐。

美国威瑞森与韩国的三大通信运营商面向手机的 5G 服务开始日期都选在同一天，这绝非偶然。这是都想成为"世界最先面向手机提供 5G 服务的通信运营商"的激烈竞争的结果。

KT 在 2019 年 2 月的 MWC 巴塞罗那年会上宣布要在当年 3 月开始提供服务，可见韩国本来准备将开始日期定在 3 月，但结果推后到了 4 月。

另一方面，威瑞森于 2019 年 3 月 13 日发布"将自 2019 年 4 月 11 日开始面向手机提供 5G 商用服务"。KT 在威瑞森做出上述发布之前，就已发布"将自 2019 年 4 月 5 日开始提供服务"。所以，是韩国将开始的日程表定位在了"世界最先"。

正当这时，威瑞森突然将服务开始日期提前到 2019 年 4 月 3 日。

韩国也在密切关注着威瑞森的一举一动，以著名人物成为 5G 的第一位用户为理由采取了应急对策，终于也赶在 4 月 3 日的同一天开始了 5G 服务。虽然服务开始的时间段不同，并且美韩两国之间存在时差，但美国的威瑞森和韩国的三大通信运营商都宣称自己成了"世界上最先面向手机提供 5G 服务的运营商"。

(•)) 威瑞森的战略意图

前文介绍了威瑞森和韩国三大移动通信运营商之间围绕"世界最先"展开竞争的经过。虽然它们的 5G 服务开始日期是同一天，但从服务内容来看就可以洞悉美国威瑞森与韩国三大公司战略意图的迥然差异。

首先来看威瑞森。它是站在自己公司不限量套餐的选择权这一定位设计了收费套餐。也就是说，在已经与该公司签署协议的用户中，无论是使用大量通信的重量级用户（heavy users），还是被"5G"这一"潮词"强烈吸引的早期利用者（early adopter），都不允许改选其他通信运营商的服务。简而言之,该公司采取的是"圈地"战略。

在美国最早提供 unlimited 收费套餐的 T-Mobile（隶属于德国电信的一家移动通信运营商），以及为数众多的 MVNO（移动虚拟网络运营商）都在利用独自的差异化战略抢夺重型用户和早期采用者，在这种激烈竞争的环境下，作为美国最大通信运营商的威瑞森采取了与之"王者"身份相符的守护战略。

在 MotoZ^3 这款已经不再销售的手机上安装被称为 5G Moto Mod 的模块，用户即可利用 5G，这一做法本身充其量是把 5G 作为附加在 4G 上的价值来定位的，作为一种连续性的进化，让 4G 用户升级到 5G 用户。

即使不采取威瑞森的那种在手机上安装一个装置的独特做法，也可采取 AT&T 那样的做法，即以移动路由器的方式提供 5G 服务，为手机和平板电脑创造出实际上能够利用 5G 服务的环境。不过，威瑞森作为美国最大的通信运营商，它认为自己必须成为"在世界上最先为手机提供 5G 服务的运营商"。为此，它就认为不能是移动路由器和手机，必须是一个整体才能称得上是 5G 手机。

现在回顾一下，2018 年 8 月摩托罗拉发布其新款手机 MotoZ^3 的时候，就不是把它当作依靠各种 Moto Mods 就能按规格改制的 4G 手机来销售的，当时就针对这款手机展开了"世界首款能够升级为 5G 的手机"的广告宣传活动。也就是说,在这款手机的发布会上,威瑞森和摩托罗拉就已经做好了让这款手机作为 5G 手机被广大消费者认可的周密部署。如此处心积虑,威瑞森成为世界上最先为手机提供 5G 服务的运营商之一,也是必然的事情。

今后,面向手机提供 5G 服务的通信运营商就没有了拘泥于"世界最先"的必要。消费者同时拥有多种设备(不只是手机,还有个人电脑、平板、智能手表等随身携带的移动设备)的情况如今已经司空见惯。考虑到 5G 的高速率、大容量通信才能有效应对这样的情况,为消费者随身携带的多种终端提供 5G 通信服务,可以认为与前文所讲的依靠移动路由器提供 5G 服务,以及在手机上安装装置这些做法相比,对于消费者来说好处更大。

在无线 LAN 规格下,移动路由器和手机接通无线 LAN 时,其网速不免受限,但下一代无线 LAN 规格为 IEEE802.11ax,最大网速带宽为 9.6Gbps,就能够为用户构建充分享受 5G 所带来的好处的环境。

手机接通无线 LAN 时的高速识别技术也取得了革新性进展,所以,手机用户在意是直接与基站通信还是经由路由器通信的场景将越来越少见。技术性困难的解决已经是时间早晚的问题,下一步就要看经由移动路由器的 5G 通信采取什么样的收费方案，人们对于 5G 通信迅速普及的期盼很快就会实现。

韩国的收费方案

下面来看韩国三大移动通信运营商面向手机提供的 5G 服务内容。各家公司都准备好了全新的 5G 收费套餐，3 家公司都是每月 5.5 万韩元（折合人民币为 337 元），SK 电信和 KT 做好了提供 8GB、LGU+ 做好了提供 9GB 的通信量的最低收费套餐。

本来 SK 电信设计的是大容量而且高额的 5G 收费方案，但是政府主管部门对其提出了不要给消费者的选择造成制约的要求，该公司只好制定了中等容量的最低收费方案。KT 和 LGU+ 也向 SK 电信的设计方案看齐。至于超出最低收费套餐的方案，3 家公司各有不同。SK 电信和 LGU+ 提供超过 150GB 的超大容量服务，KT 提供与美国威瑞森同样的不限量服务。

在为手机终端提供 GalaxyS10 5G 这一点上，韩国 3 家公司也与美国威瑞森不同。从韩国 3 家公司用新收费、新终端提供 5G 服务来看，就能够深刻领会其要"将 5G 当作全新的价值诉求"这一通信运营商的意图。可以说，韩国方面采取的是进攻的战略。

虽然从数字上来看，SK 电信和 LGU+ 所提供的 3 位数超大容量服务的收费套餐让人形成一种收费高昂的印象，但从概念上来看，其与提供 4G 服务以前的多少 GB 方案是相同的。在全新的价值诉求这一观点上，像 KT 的不限量那样，让不同的概念在收费方案中有所反映，可能会更充分地表达革新性的诉求。

上述收费方案充其量也是为刚开始提供服务时准备的，可以预见今后随着竞争的激化，上述收费方案也会发生较大变动。各公司都已经准备了高画质的大片、重放型的游戏及 VR 服务等与 5G 相匹配的娱乐服务，把 5G 定位为给人们带来全新体验的革新性服务，以此来满足消费者和通信运营商双方都在期盼的不断普及的愿望。

对于通信运营商来说，到底是像美国威瑞森那样将 5G 作为 4G 的附加价值来提供，还是像韩国公司那样作为全新的价值来提供，在提供 5G 服务时可以采取的战略有多种选择，通信运营商对其 5G 的市场定位也将是其做出判断时应该考虑的要素。

不管怎么说，日本距 5G 商用服务开始的 2020 年还有一段时间，应该密切关注美韩两国通信运营商的动向，设计出对日本来说最为适合的 5G 收费方案才是最重要的。

欧洲国家推行的先进做法

那么，欧洲怎么样呢？欧洲并不像美国和韩国那样急于早期商用化，许多欧洲国家都在 2019 年开展了 5G 试验或商用化。

在此以北欧国家为例。或许会让人感到意外，在北欧，芬兰的诺基亚和瑞典的爱立信这样的世界著名的通信设备厂家，成为通信行业技术革新的中心之一。世界最先的 4G 商用服务，是由瑞典的一家通信运营商 Telia Sonera（现在的名称为 Telia Company）提供的。

首先来看芬兰，继前文所讲的卡塔尔电信 (Ooredoo) 之后，2018 年 6 月，大型通信运营商 Elisa 发布，该公司成为世界第 2 家开展 5G 商用服务的通信运营商，只不过它说成了"世界最早的 5G 商用服务"。在卡塔尔电信的发布中，并没有明确表示是否是"世界最早"。Elisa 之所以这样做，是想让人们知道，在包括与 5G 对应的手机在内的商用化这一意义上，真正的世界第一家是该公司。美国与韩国的竞争，其真正目的也在于此。但是，移动通信系统的革新是 10 年一度的盛事，自认为是世界第一家的通信运营商满世界都是。

Elisa 最初提供的 5G 服务，是在芬兰与爱沙尼亚之间，两个国家通信管理部门的部长所打的电视电话。面向手机提供的 5G 服务预定自 2019 年 6 月开始。

瑞典的大型通信运营商 Telia 公司于 2018 年 12 月发布，该公司在赫尔辛基机场实现了世界最初的"5G 机场"。意为在该机场构建了 5G 环境，在机场内部通过 5G 来操控安保机器人的巡视。通过远程操控或自动操控让安保机器人巡视，将其拍摄到的影像传送给管理中心，或者为机场内的旅客提供导航服务。利用难以掌控的毫米波构建 5G 环境，在机场内部这一特定的建筑物内灵活利用 5G。从这些方面来看，这个事例可以说具有革新性。

容易衰减、难以飞到远处的毫米波，很难在广阔的区域内构建专属自己的领域。所以，可以预见，像 Telia 公司那样面向特定的建筑物内部开展的 5G 服务，今后将会在世界许多地方出现。

((ᵧ)) 开始大规模商用化的中国

最后来介绍一下中国。中国于 2016 年 3 月发表的《中华人民共和国国民经济和社会发展第十三个五年规划纲要》（"十三五"规划）中提出，要在 2020 年实现 5G 的商用化。根据 2017 年 1 月 9 日的中国网日文版介绍，中国要力争在 5G 的国际标准化方面发挥主导作用，从 5G 设备、芯片、解决方案、终端等构成 5G 的基础技术开发，到汽车及铁路等移动领域为首的应用，展示了综合性的愿景。

在 4G 方面，以华为为代表的中国通信设备供应商在世界上处于领头羊地位，同样，其在 5G 的国际标准化活动及技术开发方面也处于世界的引领者地位。在世界著名咨询公司德勤（Deloitte）发布的报告——《5G：引领未来 10 年的机会》（5G : The chance to lead for a decade）中指出，中国正在用比美国更巨额的资金来推进 5G 方面的设备投资及基站建设。

从中国于 2020 年 5G 的商用化目标来看，其将目标设定为与日本同样的时期。但是，正如前文所述，以美国和韩国为代表，全世界的通信运营商围绕尽早开始提供 5G 服务展开了异常激烈的竞争，中国也在急于开展 5G 服务。根据中国最大移动通信运营商——中国移动于 2019 年 3 月发布的《2018 年业绩年报》显示，2018 年，该公司已经在 17 个城市开始了 5G 试验，并将于 2019 年推进 5G 的商用化。

中国国土面积广阔、人口众多，即使于 2019 年开始的服务在内容方面做些限定，其地域拓展规模也将是世界上屈指可数的。

构建新的通信环境，也就意味着将产生新的服务，从而会促进产业振兴。从这一角度考虑，各国都朝着构建 5G 环境，以及尽早商用化方向加快了步伐。

日本在"利用方法的开发"方面处于领先地位

在 5G 活用方面引领世界

日本想借着 2020 年举办东京夏季奥运会和残奥会的东风，让 5G 的商用化引领世界。

日本自 2015 年前后开始推进 5G 技术的研究开发及标准化活动，自 2017 年前后在各通信运营商独自做出努力的基础上，总务省也通过各种方式予以大力支持，的确是以产、官、学（即产业界、政府和科研机构）一体来推进被称为"如何活用 5G"的用途开发。日本于 2019 年 4 月开展了 5G 频谱的分摊，并按照预定进度围绕用途开发进行讨论研究。

不过，正如前文所述，世界各国都将预定进度纷纷提前，进展快的国家已于 2018 年完成商用化，2019 年完成商用化的国家也有许多。

在这种情况之下，日本国内的三大通信运营商，即 NTT DoCoMo、KDDI、软银都预定，不等到 2020 年，自 2019 年开始作为前期服务，在限定的区域以把终端租给用户使用的方式，给普通消费者提供接触 5G 的机会。

日本开始 5G 商用服务的 2020 年，时间绝对谈不上早，但是，在 5G 的文脉方面，不能说日本已经被甩在了后面。为什么这么说呢？5G 的存在意义绝不体现在通信基础设施本身上面，而是在其基础设施之上怎样才能革新人们的生活方式，以及怎样才能实现企业及社会的数字转换。

日本很早就带着这种目的采取了行动，从追求 5G 的活用可能性这一视角来看，日本已经处于世界领先的位置。

5G 追求其活用的最大可能极其重要。为了说明这一点，我再次阐释 4G 以前的革新与 5G 革新之间的区别。技术上的区别已经在前文阐述了，在此从满足消费者的通信需求角度来说明它们之间的区别。

(((·))) 消费者对 5G 的期望并不强烈

虽然 1G 手机就已经给我们带来能够在外面打电话的好处，但消费者逐渐对通话质量提出更高的要求，这样一来，数字方式的 2G 就解决了这一问题。

2G 手机的数据通信服务不断进化，i mode（使用 NTT DoCoMo 的手机就能够利用的接通互联网服务）和 EZ Web（由 KDDI 及冲绳蜂窝电话公司的手机品牌 au 所提供的互联网接入业务）等平台就产生了。此时消费者又要求平台服务的舒适度，于是 3G 就把这个问题解决了。

在 3G 情况下，消费者又对手机上的内容下载提出了要求，结果 4G 就把这个问题解决了。也就是说，移动服务的革新提高了消费者的通信需求，通信设施被革新满足了消费者的需求，这就是移动通信系统的历史。

沿着上述历史回顾一下我们的生活，我们很难想起在利用通信服务时受到制约的情景。当然，在特定的场所及特定的时间带网速变慢这种情况谁都经历过。从本质上来看，如今已经处于通信设施的供给能力超过消费者的通信需求这样的状况。

移动电话换成了智能手机的情形、智能手机加上平板电脑等利用多种装置的情形，都已经变得司空见惯，所以就像最初所阐述的那样，通信总量逐年增加，就会要求 5G 不断开展革新。但是，从每位消费者利用原有服务时的通信需求这一角度来看，4G 基本上就全都能够满足了，这样一来，消费者要求 5G 的理由就变得不充分了。可以说，4G 以前都是为了满足消费者的通信需求所进行的革新，而 5G 在这一点上就大不相同了。

话又说回来，如果按照满足消费者的通信需求这一想法来看，5G 就很有可能得不到普及。也就是说，我们必须挖掘 5G 的各种活用可能。

在 5G 情况下，就要求充分调动主观能动性，围绕怎样才能革新消费者的生活方式、怎样才能实现企业及社会的数字转换等问题，将目光转向尚未显现出来的潜在需求，设想并开发 5G 的各种用途。

(( )) 并非"零和博弈"而是"生态系统"

如前所述，日本正举产、官、学之力积极推进 5G 的用途开发及由此带来的新的市场需求。日本总务省于 2017 年度开始了 5G 综合实证试验，实施了涵盖国内通信运营商、研究机构、地方公共团体、服务提供方等各方面利益相关者的六大 5G 活用工程。5G 综合实证试验在 2018 年度继续开展，正在实施更加完善了的六大工程。

5G 的用途开发对于通信运营商来说是生死攸关的重大问题。所以，通信运营商各自都不遗余力地推进用途开发。但是，通信运营商并不能单独开发出所有产业的 5G 用途，这就需要通信运营商与其他产业的企业结成伙伴关系，联手加速推进。

NTT DoCoMo 于 2018 年 1 月开始实施 DoCoMo5G 开放伙伴工程（DoCoMo5G Open Partner Program），其目的在于通过为合作伙伴提供 5G 的技术信息及技术验证环境的同时，为了促进合作伙伴之间的协作，组成专题讨论会或专题试验组（workshop）等举措，与企业联手推进 5G 的用途开发。

该工程刚开始推进时就有 453 家企业明确表示积极参与其中，到 2019 年 3 月就已经有超过 2300 家企业和团体参与进来，由此可以看出，涉及各个产业的企业对 5G 用途开发的积极参与，以及 NTT DoCoMo 所下的力度之大。对于 NTT DoCoMo 来说，这些参与工程的企业绝不仅仅是利用 5G 共同实现数字转换的伙伴，它们还是其 5G 时代的潜在客户群，因此它下了如此之大的力度也是理所当然的。

出于同样的目的，2018 年 2 月，软银开设了 5G× 物联网工作室（5G×IoT Studio）；同年 9 月，KDDI 设立了开发 5G 物联网商务据点 KDDI DIGITAL GATE。这是因为这三大通信运营商都深刻认识到，在 5G 时代的激烈竞争中胜出的关键有两点，一是 5G 的用途开发，二是对企业及地方公共团体等潜在客户的抢夺。

此前，各大通信运营商为了与更多的客户签署移动电话（功能机）和智能手机的通信协议，展开了激烈竞争。在 5G 时代继续围绕争夺消费者展开激烈竞争的同时，争夺企业和地方公共团体的竞争也越发激烈。

这种竞争与争夺法人线路的竞争略有不同。通信运营商围绕法人线路的争夺战是指在某家企业已经与 A 通信运营商签署了通信协议的情况下，B 通信运营商把数量折扣（volume discount）和法人解决方案捆绑（Bundle）起来，把该企业从 A 通信运营商那里抢夺

过来。

不过，争夺开发 5G 用途合作伙伴的竞争，并非零和博弈。根据开发目的和开发用途，通信运营商与企业之间可以构建灵活的合作关系。

以丰田汽车为例，在车载通信模块（module）与云（cloud）连接，构建"互相连通汽车"的全球通信平台方面与 KDDI 共同开发，在机器人远程操控、数据分析、边缘计算这些领域的研究开发与 NTT 集团展开协作。在关于按需求提供服务订单型（on demand）交通（根据利用者的需要调整路线的大巴车等）及面向企业的穿梭服务（shuttle services，意即在固定的地点之间按固定的时间往返行驶的服务）这种 MaaS（Mobility as a Service，出行即服务：不是销售车辆，而是把车辆的价值作为服务来销售的商业模式）方面，与软银一起设立了合办公司 MONET 技术公司（MONET Technologies）。

关于 MaaS 和 MONET 技术公司的详细情况将在第 3 章阐述。站在丰田汽车的角度来看，这无非就是想与最适合的通信运营商联手，以达到创造新价值的目的。

5G 促使这种伙伴关系变得非常灵活。通信运营商还与地方公共团体建立协作关系，从用途开发到实证场所（field），把提供 5G 服务的各方面利益相关者都聚拢起来，不仅促进了通信运营商与这些伙伴之间的协作关系，同时也大大促进了伙伴与伙伴之间的协作关系。这与其说是结成了伙伴关系，不如说是形成了生态系统。

现在全世界的通信运营商都在盯准 5G 时代，围绕其用途开发及商用化急于增强伙伴关系。不过，日本的通信运营商已经超越了增强伙伴关系这一层面，它们正在围绕构建以 5G 为基础的生态系统展开竞争。

如前所述，5G 追求其活用的可能性才是最为重要的，而且，为追求活用可能性的生态系统已经处于正在构建状态。

具有资格的 4 家公司的战略

2019 年 4 月，日本总务省公布了对于 5G 特定基站开设计划的认定申请的评估结果，也就是 5G 频谱的分摊结果，共有 NTT DoCoMo、KDDI、软银、乐天移动这 4 家公司提出申请。sub6 频段（3.7GHz

频段、4.5GHz 频段）的 100MHz 带宽的牌照，NTT DoCoMo 和 KDDI 各拿到 2 个，软银和乐天移动各拿到 1 个。

毫米波工作频段（28GHz）的牌照，这 4 家公司各拿到 1 个。这些公司所申请的开发计划里包括了 5G 服务的利用开始时期、截至 2024 年度之前设置的每个地域的基站数、把全国按照每 4 个边都是 10 千米划分的情况下能够在多少个网眼（mesh）设置基站的基站展开率、对基站的设备投资额等项目。从中就可以看出这 4 家公司围绕开展 5G 服务所确定的方针的区别。

NTT DoCoMo 的开发计划内容如下：利用开始时期定在 2020 年春，室外基站数在 sub6 频段设置 8001 座，在毫米波工作频段设置 5001 座，基站展开率为 97%，设备投资额约为 7950 亿日元。在这 4 家公司中，通过绝对压倒性的设备投资额和在 2024 年度之前几乎覆盖全国的区域覆盖率（area coverage），可以看出 NTT DoCoMo 作为日本最大的通信运营商的担当。虽然与 KDDI 和乐天移动相比，NTT DoCoMo 户外基站数少，但是可以预想其将在全国开展包括室内基站在内的细密布局。

KDDI 的 5G 服务利用开始时期定为 2020 年 3 月，室外基站数 sub6 频段设置 30107 座，毫米波工作频段设置 12756 座，基站展开率为 93.2%，设备投资额约为 4667 亿日元。在 4 家公司中，KDDI 的基站数量最多，在每个网眼都精密配置基站，可以看出 KDDI 极力追求网眼内的通信质量的意图。

软银的 5G 利用开始时期定在 2020 年 3 月前后，室外基站数 sub6 频段设置 7355 座，毫米波工作频段设置 3855 座，基站展开率为 64%，设备投资额约为 2061 亿日元。与 NTT DoCoMo 和 KDDI 相比，软银的基站展开率和设备投资额都显得偏低。可以看出，软银制定的服务开发计划体现了在 5G 时代也与以往一样首先重视面向消费者的用途，以及在追求人口覆盖率的同时让投入产出达到最合理状态的意图。

最后，来看乐天移动。其确定的 5G 利用开始时期为 2020 年 6 月前后，室外基站数 sub6 频段 15787 座，毫米波工作频段 7948 座，基站展开率为 56.1%，设备投资额约为 1946 亿日元。可以看出，由于此前该公司对 4G 的参与比较谨慎，对 5G 的设备投资额和基站展开率也不得不有所节制。

不过，从基站数量来看，乐天移动仅次于 KDDI，从其在各区域开设基站的数量来看，乐天移动大部分基站开设在关东，其次集中在近畿、东海区域。也就是说，乐天移动将其投资集中在人口密度高的大都市圈，与软银同样重视面向消费者的用途。

此前用人口覆盖率来定义的基站展开率，5G 时代变成了区域覆盖率。其背景在于各公司的意图不仅考虑到人的居住区域，还要为有产业用途可能性的区域迅速提供 5G 服务。

NTT DoCoMo 和 KDDI 采取的是积极推进产业用途的开发的方针，软银和乐天移动采取的方针是，虽然不能忽视产业用途开发的重要性，但首先注重的是面向消费者的普及。

(())) 利用开始后的安排

最后再稍稍介绍一下 5G 服务利用开始之后的情况。

5G 基站覆盖整个国土需要花费时间，所以，在商用服务开始的 2020 年，5G 所有的功能并不能全部实装。在 2020 年这一阶段，充分利用现有的 4G 设备，将其一部分功能扩展为 5G 版本 NSA，以此来提供 5G 服务。

NSA 就是利用 4G 现有的网络，在 4G 基站上附加 5G 基站，首先部分地得到 5G 的好处的架构（architecture）。

　　具体来说，在 5G 的情况下关于 C/U 分离（将操控维度的通信与用户维度的通信分开）前文已经阐述过。在 NSA 方式下，操控维度的通信用 4G 来实现，确保区域覆盖率，首先达到终端能够通信的目的。同时，用户维度的通信充分利用 5G，达到高速率、大容量通信的目的。

　　可以预见，在 21 世纪的 20 年代，所有的通信都要利用 5G 来开展的 SA（独立组网）方式终会实现，人们就会充分享受到 5G 所具有的高速率大容量、高可靠 / 低时延、大规模 IoT 的所有技术的好处。

第 2 章

5G 改变生活

智能手机的革新

前面介绍了 5G 到底是什么，以及现在世界上 5G 处于什么样的状况；后面将介绍 5G 后的未来会是什么样。本章将介绍 5G 会使消费者的生活方式发生什么样的变化。

在 LTE 刚出现时，谁都能够直接感受到的变化就是，智能手机画面上部表示天线的图标（antenna icon）由 3G 变成了 LTE。现在，各通信公司都将天线图标标记为 4G，消费者也有了正在使用 4G 手机的认识。

那么，对于 5G 带来的变化，我也首先从智能手机将会如何变化讲起。

((ᵖ)) 折叠型手机的闪亮登场

在 2019 年的世界移动通信大会期间，以中国和韩国为主的手机终端厂家，发布了适用 5G 的手机。在前文已经介绍了三星公司的 GalaxyS10 5G，不过，最引起人们注目的是华为的 HUAWEI MateX 和三星的 Galaxy fold 这两款折叠屏手机。

折叠屏手机是有两个显示屏的双屏型手机，早在 2011 年就已经面世的京瓷公司生产的 ECHO，2013 年 NEC 生产的 MEDIAS，2018 年 3 月 NTT DoCoMo 推出的 M（作为全网通的 ZTE AXON M）等，都属于这类型手机。因此可以说，折叠屏手机这一概念本身并不是新鲜事物了。

不过，在 2019 年世界移动通信大会上发布的这两款手机，在"屏幕只是一个，屏幕本身折叠"这一点上大不相同。这两款折叠屏手机在结构和设计理念方面有所不同：HUAWEI MateX 是屏幕外翻，Galaxy fold 是屏幕内翻，但都是屏幕本身可以折叠。它们给人们带来了全新的视觉冲击，使人们产生一种未来感。

这种折叠屏手机，依靠屏幕技术的革新，使得柔软弯曲的显示屏得以实现，与以往的双屏型手机的不同之处不只是体现在技术方面，还体现了预先设定的使用方法的与众不同。

双屏型手机生成两个画面，比如一个是应用软件的画面，另一个是键盘的画面，两个画面分别表示不同的内容，显现出新的界面（UI）。而新款的折叠屏手机显示屏只有一个。也就是说，折叠屏手机是一种具有单纯超大型显示屏的手机，不是以往的那种表示应用软件画面和键盘画面不同内容的使用方法，它当初设定的使用方法就是用大画面表示一个内容。

即使是双屏型手机也能将两个画面表示成一个画面，但是，显示屏的边框（bezel）把画面分成两个，没有朝着用大画面欣赏视频及画像这种使用方法的方向设计。

这种实际上搭载超大型显示屏的折叠屏手机，是最适合在移动状态下欣赏大画面、高精密度视频的终端。能够切实感受到 5G 的高速率、大容量的最好内容就是视频。这种折叠屏可以说是真正能够体现 5G 时代的手机。

现在的手机都在往大画面化、高精密化的方向发展，人们只要对大画面、高精密的手机有过一次体验，就绝对不会再用画面小、画质粗的手机。让画面和画质取得飞速进化的，就是这次在世界移动通信大会上发布的折叠屏手机。

推出双屏型手机的出发点之一，就是面向喜欢新事物的核心粉丝群。这次推出的折叠屏手机，虽然在屏幕能够弯曲这一点上给人的视觉造成一种冲击，面向核心粉丝群也是促使其推出的因素之一，但它实现了朝着大画面、高画质的进化，是能够直接享受 5G 带来好处的手机。

这种新推出的折叠屏手机，只要不出现刚推出时的各种不良反应等故障而产生商誉（reputation）上的问题，并且在价格方面让人们觉得物有所值，得到普及还是完全有可能的。

(¸ɡ) 低价终端也纷纷登场

虽然谈到了折叠屏手机的价格，但从总体来看 5G 手机的价格将给其普及造成很大影响。在世界移动通信大会上，也有关于"低价 5G 手机"的提议。

中国手机终端厂家小米发布的 Mi MIX3 5G 虽然不具备 HUAWEI MateX 和三星的 Galaxy fold 那样的折叠功能，但也拥有相当大的画面且没有边框的显示屏，搭载了高通公司生产的最新芯片，可以对应 5G，价格被控制在 8 万日元（约 5300 元人民币）以下。

与目前各手机终端厂家现行销售的没有 5G 功能的旗舰品牌相比，小米推出的这款手机的价格也是同等或以下的价格水准。如果能够拿到比不是 5G 的手机还便宜的 5G 手机，那么当然就会有越来越多的消费者选择低价的 5G 手机。

换个话题。在日本,现在对"通信费用和购买手机费用应该分离"有越来越多的讨论。在此简单介绍一下：日本的现行做法是当消费者想要购买手机时，都采取以签订通信协议为条件、对所购买的手机价格予以打折的销售形式。也就是说，通信运营商需从收取通信费用赚取利润来填补购买手机费用的折扣。因为对于通信费用，无论是频繁更换手机的用户，还是长期使用同一部手机的用户，都等同收缴，所以，把从通信费用中赚取的利润的一部分用来给手机打折是不公平的。从这一理由出发，通信费用就是通信费，购买手机费用就是手机费，两者应该分开。这就是人们议论的内容。2019 年 3 月，日本《电信事业法》的修改已经在内阁会议讨论通过，今后，两种费用分开将被当作惯例确定下来。

如果两者分开的话，用来给购买手机打折的那部分资金就不需要了，那么，通信费就会变得便宜。但是，购买手机的费用就难以打折了。

　　话又说回来，在 5G 手机的销售正式开始的 2020 年，日本手机销售就难以再打折了。那样的话，低价 5G 手机货源的多少，将会给日本的 5G 普及带来影响。

　　上述的小米手机目前在日本还没有销售，但是，希望今后 5G 手机的阵容（Line Up）越来越强大。

给娱乐带来新体验

上一节介绍了由折叠屏手机所带来的显示屏的大画面化、高精密化的趋势。用大画面显示屏所观赏的内容首先就是娱乐，具体来说就是视频，如今各通信运营商已经开始面向 5G 时代拓展视频上传服务。

(((ᵖ))) 打包上传视频服务的 KDDI

KDDI于 2018 年 8 月开始提供将大型视频上传的打包套餐：au

furattopurann25 NFLX pack（au 平台套餐 25　NFLX 不限量套餐）的服务。它比 20GB 的通信套餐 au furattopurann20 每月的收费高出 1000 日元，但是，比 20GB 通信套餐多出 5GB，并且可以免费观看在 NFLX 上增加的 au 视频上传服务的 video pass（不限量视频）。NFLX 和 video pass 的每月收费分别为 650 日元和 562 日元，两者加在一起就超过了 1000 日元，au furattopurann25 NFLX pack 套餐就很划算，而且还赠送了 5GB 的通信服务。

不过，现在 NFLX 每月的收费已改为 800 日元，与 au furattopurann20 的收费差额变成了 1150 日元。

说一句题外话。在通信的世界有网络中立性的要求，虽然不能详细论及，但简而言之，就是网络应该是中立的，不能因为在网上传输的数据内容而产生差别或区别对待。

au furattopurann25 NFLX pack 所追加的 5GB 大小的套餐除 NFLX 以外的通信也可利用，并非给 NFLX 提供的特殊待遇。可以说，这是避免触犯网络中立性原则的巧妙设计。

话又说回来，作为日本国内 MNO（即移动体通信运营商 NTT DoCoMo、KDDI 和软银）之一的 KDDI 把视频上传服务打包在通信收费中的这种做法，成为加快通信运营商不靠通信而靠服务实现

差别化趋势的重要一步。

 软银的"免费套餐"

软银于 2018 年 9 月开始，实施新的收费套餐 ultra giga monster plus（超大 G 怪兽套餐），这是 50GB 的流量套餐。但是，关于 YouTube 和 Abema TV 等的视频上传服务、LINE 和 Facebook（脸书）等的 SNS 套餐，都是不从 50GB 中减掉的套餐。

这种不将特定服务的通信计算在内的套餐被称为免费套餐，美国的 T-Mobile 早就有这种服务了。

在日本虽然也有用 MVNO（假想移动通信运营商，借用 MNO 的通信线路提供通信服务的运营商）提供这种服务的运营商，但正如前文所述，在都担心触犯网络中立性原则的情况下，MNO 将通信线路借给 MVNO 使用，着实让业界感到震惊。

现在该公司正在开展截止日期到 2019 年 9 月底的"流量随便用活动"，指定服务以外的套餐也给予免费。平等对待所有的通

信，提供实质上的不限量套餐，目的在于避免触犯网络中立性这一
原则。

((ı)) 充分发挥品牌作用的 NTT DoCoMo

NTT DoCoMo 既拥有日本国内会员人数最多的所有风格（all genre）的 d TV（数字电视台），也在开展专注于动画片内容的数字动漫商店（d animation store）的视频上传服务。并且，还提供世界最大型的体育赛事转播上传服务的 DAZN（总部位于英国的一家主要从事体育赛事直播和视频点播服务的公司）上传的视频和 DAZN for docomo（面向 docomo 的 DAZN）的视频。转播体育赛事这样的实况内容（live contents），将在高速率、大容量通信得以实现的 5G 时代迅猛传播。

2018 年 7 月，NTT DoCoMo 开始提供"面向超值视频的数字动漫商店"（d animation store for Prime Video）套餐服务。该套餐是由亚马逊的"超值视频"（prime video）里的"数字动漫商店"（d animation store）提供的，其目的不仅在于吸引动漫的核心粉丝群，还要把各个年龄段从事各种行业的更多顾客吸引过来，为他们拓展多个频道，以满足亚马逊用户的各种诉求。2019 年 3 月，该公司又增加了一个提供迪士尼内容的"迪士尼豪华套餐"。

软银之所以采取利用"超大 G 怪兽套餐"这种方式，来提供 YouTube 和 Abema TV 的可以免费视听内容的做法，说到底是作为通信运营商想追求互联网效用的最大化。而 KDDI 和 NTT DoCoMo 则拥有强大的品牌实力，采取了与拥有众多社会地位高的王族会员、自己就可以把视频服务上传的 OTT 运营商（Over The Top：在通信基础设施上提供互联网服务的运营商，例如谷歌、亚马逊等）同样的做法。

不过，上述情况只不过是现在这个时点的一个截面，在这个对于大容量、高精密的视频内容服务来说通信已经不再构成制约的时代，视频上传是特别容易能够给消费者带来好处的服务，各通信运营商都将其作为争夺消费者的主战场。可以预见，今后各家通信公司都将在扩增视频上传阵容，以及通盘考虑收费套餐方面推出各种举措。

((ᵖ)) "多角度"带来的视听新体验

作为 5G 时代推进视频上传服务的理想状态，也可考虑朝着在大画面化、高精密化的基础上再加上向多角度（multi angle）的方向发展。这是一种将现场活动（live event）的舞台、在比赛场馆里正在参加体育比赛的选手等所有的对象，从各种角度拍摄后将其影像同时上传，利用者可以从各种角度来欣赏的方法，它可以给消费者带来全新的视听体验。

5G 使高速率、大容量通信成为可能，所以能够将多个视频同时上传，并且利用网络切片技术，能够实现视点的流畅切换。

此前的现场内容的视频上传，是作为一种实际上无法看到现场活动及体育馆现场的情况下的代替服务。而 5G 时代，利用者能够从自己想看的角度欣赏的多角度视听，能够带来在现场及比赛场馆的观众席上无法实现的体验，这成为一种提供完全特殊价值的服务。这一方法将在活动现场及比赛场馆这些视听效果好的限定空间里广泛运用。

2018 年 6 月，KDDI 转播位于那霸的冲绳蜂窝体育馆（cellular stadium）举办的职业棒球公开赛时，对多角度视频上传进行了实证试验。

这首先需要在整个比赛场馆构建 5G 环境，然后用 16 部摄像机对击球者所站的位置（batter's box）进行 360 度同时拍摄，为带来平板电脑的观众实况上传。观众可以一边观赏现场正在进行的比赛，一边利用手头的平板电脑从任何一个角度观看击球手的影像，或者回看被漏掉的精彩瞬间。今后，在比赛场馆观看体育赛事时，一边看着手头的画面一边观赏现场的比赛也许会成为司空见惯的事情。

2019 年 1 月，NTT DoCoMo 发布的"现场新体感"就是作为商用提供的服务。利用手机或平板电脑选择多个角度欣赏艺术家的现场活动，5G 可以更自由地变换视点，从观众的角度将内容上传（upload）使活动场馆沸腾起来。这种互动（interactive）的观赏方式是完全可以实现的。

((ႅ)) 5G 对 XR 特别有效

比手机和平板电脑更要求高速率、大容量通信的是 VR 和 AR

（Augmented Reality，增强现实）等的 XR（VR 和 XR 等技术的总称）。

XR 的通信不仅传送大容量的内容，还对站在利用者视点的移动予以实时反应提出了更高要求。所以，必须做到高可靠、低时延，可以说 5G 是特别有效的服务。

VR 的 5G 实证正在积极推进，不过，对于作为比通常的显示器更有投入感的 VR 的活用，现场活动、场馆赛事、在线游戏等能够给消费者带来全新的体验价值的内容是最重要的。

2019年3月，软银在福冈的雅虎网拍馆利用 VR 技术，对能够多视点切换的实况比赛进行了实时上传。利用者不必亲身到比赛场馆就可以观赏到实时的棒球比赛，不在同一地方的家人和朋友恰如在同一比赛场馆观战，给人们带来了全新的体验。

要想得到这种体验，不仅要求将拍摄的棒球比赛用现场直播（live streaming）上传的通信，还要求做到将同是利用者的影像和声音互换的双方向通信。5G 不仅下载快，上传也非常快，所以，能够很好地实现这种双向的内容交流。

VR 在日本国内的普及还不够理想，但是，如果现场活动、体育赛事、游戏等内容齐全的话，对 VR 的需求将会增强。目前尚未解决 HMD（Head Mounted Display，戴在头上观赏 XR 的设备）的成本过高问题，而将现在用 HMD 来处理的数据依靠 5G 在服务器（server）一侧进行处理的话，HMD 会逐渐小型化和简约化，从而降低利用 VR 的成本，这样利用 VR 的障碍就会逐渐被克服。

⊙ 在线游戏也很强的谷歌

对时延要求更加苛刻的视频内容应该是在线游戏。在线游戏不仅要求大画面、高精密的影像上传，还要求玩家的输入能够实时在游戏中得到反应。

例如，游戏画面上有玩家正在操控的角色（character），玩家在摁下游戏遥控器的右键时，如果该角色不能瞬时向右移动的话，游戏就无法玩了。

在此，以同样是在线游戏但通信量特别大而且不允许延时的云游戏（Cloud Gaming）为例。所谓云游戏，正如游戏前面加了个"云"，游戏内容是在云端完结的，是一种游戏玩家通过自身的终端进出云端来玩的游戏。

游戏玩家通过终端输入的信号被上传，接到该信号在云端处理过后的游戏影像被连续播放，所以，无论从什么样的终端传送过来，无须下载和安装就能达到游戏的目的。不过，在游戏过程中通信始终不能中断。

例如，想象一个利用手机观看 YouTube 视频的场景。无须在手机上进行设定，也无须下载视频节目，只要选择一个视频节目，就可以连续视听。视频的再生处理是在 YouTube 的云端进行的，所以，无论型号（spec）多么落后的智能手机，无论从什么样的终端传出，都能够看到相同的视频节目。不过，在视听过程中要始终保持通信畅通。

对于云游戏，可以把它看成是带着上述观看 YouTube 视频的感觉就能玩的在线游戏。视频上传服务虽然只有类似选择想看的视频那样的输入信号，但游戏必须要处理更加复杂的输入信号，并立即反映在游戏上。可以想象，这对于通信的要求之苛刻。

2019 年 3 月，谷歌发布了一款云游戏 STADIA。在前文阐述了"用观看 YouTube 视频的感觉就能玩的在线游戏"，实际上 STADIA 就是这样的服务。在 YouTube 的 Game Play 上播放的视频如今已经很受欢迎，视听 Game Play 节目的用户能够无缝对接地玩这一游戏，这件事情还是完全有可能实现的。

玩游戏时，延时成为很大问题，因此，玩家们都尽可能在近处进行通信处理的边缘计算成为必须具备的条件。谷歌在世界 200 个国家建有 7500 多家数据中心，成为世界上能够构建边缘计算环境的为数不多的运营商之一。正因为如此，该公司在提供 STADIA 服务方面具备了强大竞争力，在云游戏领域也将确立其压倒性的优势地位。

面向互联汽车的革新

((𝑝)) 各种用途中最大的用途

以汽车为首的"移动"作为活用 5G 的用途，是 5G 各种用途中最大的。"移动"顾名思义是"动"，当然不能用光缆等固定通信来连接。LAN 也因为提供区域有限而无法利用，所以，必然要求采用移动通信系统。

这其中，最受人们期待的用途就是自动驾驶。汇总解析从大量安装于正在行驶的汽车里的各种传感器发来的庞大信息，立即反馈操控行驶的自动驾驶技术，要求同时具备 5G 的所有技术条件，即高速率、大容量、高可靠、低时延、大规模同时接通。

　　自动驾驶对应其自动化程度，被定义为从 1 级到 5 级，虽然达到完全自动驾驶即 5 级尚需时日，自动驾驶汽车开始普及被认为应该到 21 世纪 30 年代。推进自动驾驶技术的革新和积累成绩是毋庸讳言的事情，但它还面临如何确保安全，以及出现万一的情况下责任的认定等需要解决的课题。

　　况且，要想用 5G 的通信环境覆盖自动驾驶所行驶的道路，还需要巨额的设备投资和相当长的建设周期。采用 NSA 方式难以展现 5G 的精彩表现，这就要求采用 SA 方式，但是要想具备这种通信环境同样需要花费很长时间。

　　虽说如此，依靠 5G 实现移动的革新绝非遥远未来的事情，具备通信功能、与互联网常态接通的汽车即互联汽车（connected car）依靠 5G 将会得到迅速普及。

（(ı)) 为了预防事故的汽车保险

最先得到互联汽车好处的是汽车保险领域。虽然是处于普及期的服务，UBI（Usage Based Insurance，基于驾驶状况的保险）之一的"基于行驶距离的汽车保险"，在日本国内各汽车保险公司的险种中，正在成为一般性的产品。

UBI 方式的汽车保险大部分都是通过取得并解析汽车是如何使用的这些数据，对那些不经常开的汽车的保险费予以相应的折扣。这是这一方式的一般性做法。

如果是 5G 的话，不但能取得发动机在启动状态下持续多长时间、行驶距离多长等信息，还能汇总刹车及油门的使用方法、在车内的讲话、安装的行车记录仪拍摄到的影像等与汽车行驶有关的各种数据。

根据对这些数据的解析，就能够对驾驶者的驾驶技能、驾驶的精力集中度、危险驾驶的程度等进行评估，从而得出精度更高的风险评估结果。

不过，如今汽车保险的价格已经被降到很低，即使再想让保险费便宜一些，其幅度也已经很有限了。考虑到保险的本来目的，今后可能要通过加大万一情况下的补偿力度，来实现高附加价值化。

如今，各保险公司已经开始强化互联车的补偿业务。三井住友海上火灾保险推出的"注视 GK 的车险"（GK：Goal Keeper，目标守卫者）、东京海上日动火灾保险推出的"私人驾驶代理"（drive agent personal）、损害保险 JAPAN 日本兴亚（日本的一家财险公司）推出的"驾驶！"（DRIVING！）等车险，都是由签约人提供行车记录仪，利用从中得到的数据，再加上万一时刻的紧急自动报警及赶到现场查看等，来协助驾驶人强化事故后的处理工作。

损害保险 JAPAN 日本兴亚还开发出利用 AI 根据事故发生时，行车记录仪拍摄到的影像自动得出责任分担比例的系统。以往从事故发生到赔付都要花费 2 个月左右的时间，现在该公司正在将其朝着大幅缩短到约 1 个星期的方向努力。从发生事故后尽早支付保险金会给签约人带来更大的便利这一点来看，也可以说这是对事故处理的支持。

面向未来，车险将朝着预防事故的方向发展。保险的终极目标倒过来说就是保险不被使用的状态。各家保险公司通过行车记录仪等车载设备，以及手机取得的各种数据，将分析结果形成驾驶诊断报告，将其反馈给签约人。

在高可靠、低时延的 5G 通信时代，当监测到驾驶中的危险状况时，车载仪器里发出警报，让实时反馈成为可能。5G 时代的汽车保险将从"为了应对万一事故的服务"转向"不让万一事故发生的服务"。

(((ᵖ))) 汽车本身也在不断进化

不只是由互联车带来的服务变化，汽车本身也在不断进化。ADAS（Advanced Driving Assistant System，高级驾驶辅助系统）的革新就是一个易懂的例子。

说一个不是直接说明问题的事例：丰田汽车自 2018 年 10 月开始销售雷克萨斯品牌的 ES 系列，在其最高档的车型里安装了数字后视镜，它用摄像机取代了后视镜，用在车内设置的显示器确认后方的情况。这就是丰田汽车对汽车进化采取的解决方案。

梅赛德斯·奔驰的许多海外的汽车厂家都已发布 Mirror Cam

（电子行车记录后视镜）这种数字后视镜，但在大量生产的汽车上安装使用的，奔驰是世界第一家。数字后视镜不但能够在车窗玻璃因雨滴和哈气而难以看清的情况下确认后方，还可以依靠摄像机的变焦功能来扩大显示器上的内容，能够得到一般后视镜无法得到的周边信息，有助于更加安全地驾驶。

如果在数字后视镜上安装 5G 的话，不但可以将拍摄到的后方情况传送到车内的显示器上，还可以把从后方追来的车辆的行驶速度及车间距离都显现在显示器上，这可以为驾驶者提供更多的驾驶辅助信息。

法国汽车零部件厂家法雷奥围绕互联车提出了多项具有革新意义的解决方案，比如，2018 年 10 月在千叶县幕张展馆举办的车展——日本高新技术博览会（CEATEC JAPAN）上，法雷奥展示了它的 XtraVue 技术。这是一项让前面行驶的车辆变得"半透明"，进而能够通透看清前方影像的技术。从技术上来看，这就是用前方行驶汽车拍摄到的影像自然地覆盖到自己汽车拍摄到的影像中，并将其传送到自己汽车安装的显示器上的原理。

这就需要前方行驶的车辆也安装摄像头，并且也采用相同的解决方案，两车保持协调，不是一个只靠自己的汽车就能解决的方案。

但是，在所有汽车都成为互联车的社会，也就没有了全靠自己汽车解决的必要了。

前车的前方影像及处于拥堵状态的最前方车辆的影像都能清晰看到，从对面方向开来的汽车右转，以及自己的汽车想要超车时对面开来汽车的状况都能及时把握，在前车的前面突然有行人出现时做好急刹车准备等，这使驾驶安全性大大提高。这一解决方案必须具备把前车的前方影像持续无时延地传送给后车，而这必须由 5G 来实现。

这些辅助安全驾驶技术，说到底是以人驾驶汽车为前提的，通信环境发生异常，以及开到通信环境之外时，汽车并不能停下，只要有人驾驶就没问题。所以，我们没有必要等到自动驾驶技术成熟及全国到处都构建好 5G 环境，可以暂且以这种形式在汽车的移动方面活用 5G。

并且，如果 ADAS 不断进化，能够做到自动刹车自动踩油门，并且对周边情况的把握及监测障碍物的精度提高了的话，也可以无缝对接地直接进入自动驾驶时代。

(((ŋ))) 比特斯拉还尖端的拜腾

中国的新兴电动汽车（Electric Vehicle，EV）厂家拜腾（BYTON）提出的概念并不是把车与互联网相连，而是制造接到互联网上的汽车。

也有人将其与美国的电动汽车厂家特斯拉相比，但是，拜腾已经以数字后视镜为标准配置，把仪表盘全面换为显示器，安装了与5G 匹配的天线等，开发出了比特斯拉还要尖端的汽车。

拜腾在 2018 年的国际消费类电子产品展览会（CES）期间，发布了其开发的 BYTON Life。这款汽车在车载信息娱乐（in-vehicle infotainment）平台上，将 Amazon Alexa 的语音系统与包括同乘人员在内的每个人的手机连接起来，利用 OTA（Over The Air，空中下载技术）技术实现了车载软件的更新。

拜腾不只是卖车，随后还将提供数字内容及服务，用类似于手机的设计思想来开发汽车。可以说，拜腾是真正符合 5G 时代的移动汽车。

在医疗、护理现场发生的变化

　　医疗、护理也作为 5G 备受期望能够活用的领域频繁出现在各种媒体。

　　到了 5G 时代，无线区间通信的信赖度就会大大提升，那些更加关键的任务（mission critical，不允许因障碍出现而中断或停止的业务）就能够远程开展了。5G 使此前被认为难以采用 ICT（信息通信技术）的课题或业务也成为活用对象。

(•) 远程诊疗已经可以实用

远程医疗涉及面很广，首先介绍远程诊断。远程诊断把患者与位于远处医院的医生连接起来，医生利用高质量且高精密度的电视电话问诊，对患者的表情、脸色、症状等做出判断，同时将电子病历及 X 光照片电子化让医生和患者共有，从而让患者能够在自己家里接受诊断。其目的在于满足那些因所在地方医生人手不够、无法用车运送、从自己家里难以移动到医院的患者的要求。

2019 年 1 月，在和歌山县立医科大学开展了活用 5G 的远程诊断的实证试验。该试验用 5G 把该大学附属医院与离医院约 40 千米的日高川町的国保川上诊所连接起来，把该诊所当作患者的自家，实证试验能否利用 5G 实现偏僻地区的出诊。

在试验中，利用 4K 电视会议系统开展医生和患者之间的沟通，依靠 4K 摄像机把高精密的患部摄影画面、超声波视频、磁共振（MRI）成像与该大学附属医院的皮肤科、心血管内科、整形外科等专家医生共用，从而实现诊断。

从参与实证试验的专家医生那里得到了诊断非常成功的评价，诊所的医生得到了专家医生的建议。并且，该大学的指导医生还针

对指导偏僻地区年轻医生内视镜使用方法的远程医疗教育的可行性
开展了实证试验。在该县有些地区患者往返一次医院需要 6 个小时，
而远程医疗可以有效减轻移动给患者和年轻医生带来的负担。

((•)) 提高手术精准度的远程手术支持

　　进一步深入的远程医疗是远程手术支持。所谓手术支持，是指
医生在进行手术的时候，为了针对时时刻刻都在变化的手术状况做
出最佳手术进展方案的判断而给予的支持。如今在医疗领域，已经
采用了将手术部位的扩大影像、手术用的设备状况等都在手术室的
显示屏上显示出来的解决方案。依靠 5G，远程的医生也可以与手术
现场的医生联手医疗。

　　以东京女子医科大学为中心开发的智能治疗室 SCOT，把医疗
设备与手术室设备用互联网连接，形成了对医疗信息及手术中的画
像等实施一元化管理、在手术室内的大型监测仪器上显示、充分利
用第三方支持的平台。

该平台于 2019 年获得日本内阁府举办的"第一届日本开放创新大奖赛"的厚生劳动大臣奖,得到了非常高的评价。2018 年 12 月,该平台开展了依靠 5G 的远程化实证试验,利用高精密摄像机对整个手术过程进行拍摄,传送给远程的熟练专家医生,还可直接听取正在外地出差的医生的见解,以此来提高手术的精准度。

像恶性脑肿瘤等高难度手术,对于应该在什么位置动手术、该位置离重要的脑部及神经有多大距离、能够在什么地方安全摘除等,都可以开展由设备及专门医生指导的"导航作业"。

有些医生之所以被称为高手,是因为他们同时具备基于各种信息的判断力和能够按照判断动刀的技术力两种能力。依靠导航,判断力高的医生与技术力高的医生联手,就能够提高手术的质量。

如果来自远程的导航成为可能的话,就可以大大促进上述那样的医生联手。

中国也开展了依靠 5G 的远程手术支持。据新华社的新闻网站新华网 2019 年 4 月 8 日发布的消息称,用 5G 把位于广东省偏远地方的医院手术室与距其约 400 千米远的广东省人民医院连接,把患有先天性心脏病的患者的心脏外科手术的影像传送给广东省人民医院的多位心脏外科医生,用听从远程实时指示的方法开展了手术。

还采取了预先把患者的心脏用 3D 打印机再现，用这个模型进行沟通的新做法。手术得以成功进行，得到了高精密影像能够无延时传送这一结果。

像这种远程诊断和远程手术支持，因为要利用诊察室和手术室，也可以采取将医疗设备和手术室设备用固定通信连接的方法。但是，那样的话，就要在布线时考虑到不能给医生及助手的流动线带来影响，做起来很麻烦，并且医疗仪器及手术设备有时也需要在手术室内移动。无须布线就可构建能够开展远程诊断、远程手术支持的环境，这是 5G 所具有的好处。

如果对急救医疗车辆内的业务进行支持，因为不能使用固定通信，充分利用 5G 就会具有更大意义。

前桥市于 2019 年 1 月开展了依靠 5G 的急救医疗高级化的实证试验。设定一个因事故而受伤的患者被搬上急救车的情形，把在急救车内取得的检查仪器的信息及拍摄到的影像传送给急救医院和医生乘坐的汽车，在医生的指导下开展急救。急救车辆成了互联车，让急救车和医生的车能够经由最佳路径及时会合，实现包括移动的高级化在内的急救医疗高级化。

(ŋ) 能否远程接受海外名医的手术

作为终极的远程医疗，可以列举远程接受海外名医手术的远程
手术。依靠 5G 的低时延通信，能够将医生的操作实时传送，从技
术上来讲也许可能。但是，如果因为什么理由通信出现故障就会导
致致命的事故，因此，从患者的心理接受能力这一角度来看，要想
成为现实还面临很大障碍。

不过，把医生的举动传送给在手术室中的机器人，由机器人进
行手术这样的情况已经比较常见。1999 年，美国 Intuitive Surgical
公司出售的手术机器人"达·芬奇外科手术系统"，其解决方案是用
很小的伤口实施内视镜手术，该系统由直径很小的内视镜和机器人
手术钳组成。做手术的医生将手术部位用 3D 照相机拍摄的影像做
立体成像处理，把内视镜和机器人手术钳从直径为 1 厘米左右的伤
口插入进行远程操作。

这是一种将对皮肤和筋肉的切口控制在最低限度的低侵袭式手
术，从能够控制医生手抖的纤细操作角度来看，与其说是通常手术
的代替方案，不如将其定位为可以进行更高级手术的解决方案。

该系统自 2014 年开始在日本国内销售，销售额逐年攀升。远程

手术的构想并非依靠 5G 才得以实现的，应该深入讨论的是如何利用 5G 将已经在医疗领域实施了的远程医疗不断进化。

2019 年 1 月 15 日，新华网报道，用 5G 把位于中国福建省福州市的中国电信研究所与相隔约 50 千米的福建医科大学连接，在电信研究所的医师一边注视传送过来的高精密影像，一边操控机器人，对福建医科大学的猪进行了肝脏手术。据说猪的术后状况稳定，手术取得了成功。

虽然是对猪实施的手术，但避免了远程传送延时就会发生致命事故的操作。这可以说是充分利用 5G 的成功案例。

不管怎么说，由海外的名医实施远程手术即使在技术上可行，但是患者可能难以接受。在必须由海外名医来实施重要手术的情况发生时，又因为往海外移动很费时费力而难以将其考虑在内。

虽然说单纯的远程手术难以实现，但是在因为什么事情患者难以移动等特殊情况下，如何充分利用 5G，或者以一种全新的做法开展远程手术，期待有更好的解决方案。

(( )) 辅助护理者和被护理者双方

在前文的远程手术部分已经谈到，5G 能够从其所具有的高可靠、低时延的特性出发，对从传感器传来的信息进行实时解析、判断和反馈。它能够以外部环境的变化和输入的信息为基础，当即驱动促动器，所以可以被机器人技术利用。

在老龄化进展迅猛的日本，由于被护理者逐年增加和护理者人手不足，对护理机器人的期待不断增强。只不过机器人未必都要呈现人形，只要能够代替人自己行动，为人们的生活和工作提供帮助即可。

护理机器人既有辅助被护理者的，也有辅助护理者的。所谓辅助被护理者的机器人，就是辅助被护理者包括步行、喝水、吃饭等生活自理。最常用的可能就是为步行困难的被护理者提供的电动小轮车。也许会有人提出"电动小轮车是机器人吗"这样的疑问，但是从事下一代电动轮椅开发的 WHILL（由来自索尼、奥林巴斯及丰田的工程师创建的公司）所生产的小轮车，具有自动行驶、自动停止、回避冲突、跟从 / 排队行驶的功能，能够通过声音输入，一边与乘坐人对话，一边导航到达目的地。内藏蓝牙功能，能够利用手机进行远程操控、确认行驶距离。可以说这是一部超出电动小轮车概念、辅助移动的机器人。

这种电动小轮车如果安装上 5G，被护理者无论在何处，护理者及其家属都能掌握其所在场所，在小轮车因意外而发生侧翻的情况下可以及时赶到现场，能够起到守护作用。而且，在小轮车出现行驶到汽车道路这种危险的情况下，可以利用远程操控让其回到人行道上。

在自家、医院、护理院等场所，小轮车可以自动行驶到被护理者所要去的房间及其他地方，能够减轻被护理者的驾驶负担。依靠辅助被护理者的机器人通信，家属及护理者能够进行更加细心周到的护理。4G 情况下的小轮车就已经具有守护功能，5G 小轮车与 4G 小轮车的区别在于不仅是护理程度不同，而且在出现万一的情况下，护理者或家属能够对 5G 小轮车及时操控并介入。

((ı)) 用机器人技术辅助护理者

作为辅助护理者的解决方案，在此介绍穿着在护理者身上的发挥超过其体能的强化服。虽然说它未必是以辅助护理为目的而开发的，但是在护理过程中想让被护理者移动时体力负担过大、因劳动力人手不够，以及在家护理的问题变得越发突出时，强化服具有成为有效解决其对策的可能性。

在这一领域发挥引导作用的企业 Cyberdyne（位于日本筑波市的一家从事辅助肢体研发、制造、销售、维修保养的企业），开发出了检测从皮肤发出的活体电位信号、按照穿着者的意思支撑身体动作的世界首套 HAL（Hybrid Assistive Limb，混合辅助肢体）强化服。

强化服的原理是，人在想要屈膝伸腰的时候，会从大脑经神经向筋肉发出信号，这时就会有微弱的活体电位信号出现在身体表面，强化服检测到这些信号并按照穿着者想要移动的意愿来驱动穿着者的身体部位。这就是依靠强化服使穿着者超过体力的活动成为可能的解决方案。在将被护理者从床上移动到电动小轮车，或者在床上改变身体的朝向时，强化服可以减轻护理者的负担。

虽然强化服不一定需要与外部的通信，但是将依靠强化服来增强护理者的体力辅助护理业务这一想法扩展开来的话，把必须具备强壮体力的护理业务完全由机器人来代替这一做法也应该是可行的。

实际上，丰田汽车的移动护理助手、松下电器的离床辅助机器人 Plus 等专用的解决方案已由多家公司提供。不过，在实际护理过程中有各种各样的体力劳动，需要具有更多用途的机器人面世。

2018 年 11 月，丰田汽车和 NTT DoCoMo 开展了利用 5G 通信，远程操控丰田汽车的人形机器人 T-HR3 的实证试验，并取得了成功。

这个人形机器人的操控方法与一般的遥控有所不同，它采取了在操控者的体内安装检测身体动作的装置，让远程的机器人做出与操控者完全相同的动作的方法。能够完全再现操控者在机器人所在的场所存在那样的活动，所以被称为远程存在。

要想让远程的人形机器人做出与操控者相同的动作，必须让其能够检测到操控者的所有动作，这就要求操控者的动作能够准确无延时地传送给人形机器人。同时，还要将人形机器人的动作准确无延时地传送给操控者，操控者必须能够操控某一物体。此前，已用有线连接开展过试验。但是，如果有线连接人形机器人的话，活动范围就会受限。依靠实现了高速率 / 大容量、高可靠 / 低时延的 5G，无线化操控得以实现。

5G 实现了远程存在，如果把护理现场的所有体力劳动都交由机器人来做，就能够大大减轻护理者的负担。一位远程护理者如果能够操控多部护理院的远程存在机器人，那么将有助于解决护理行业人手短缺的严峻问题。

机器人技术与 5G 的通信条件具有很高的亲和性，将会成为很有前景的用途之一，特别是对伴随着老龄化需求的扩大与人手短缺问题日益严峻的护理行业，该技术具有高度的可用性。

识别和个性化的革新

(( )) 不断扩展的非现金结账

所有的服务都通过识别来进行，识别这一功能融入生活环境，也可以说是 5G 时代的重要变化。

作为在生活中识别的事例，比如在商店购物结账时出示会员卡、积分卡的场景。用纸质的盖章卡无法进行识别时，出示塑料卡的条形码、利用手机的会员应用软件显示二维码（QR 码），并让店员看过之后，识别才得以完成。

在此我想阐述识别促使生活方式发生怎样的变化，关于识别是什么、怎样识别不做深入介绍。简而言之，发生的变化就是与"这次购物是由哪位来付账的"联系在一起，为此，如果是与会员应用软件里的信用卡联系在一起的话，就能依靠识别结账。

要想不用他人的信用卡，而用自己的信用卡结账，则必须引入识别机制。近年来，非现金结账（无须使用现金的结账）成为人们的谈论话题，要想做到这一点的前提条件就是识别。对于喜欢现金结账的日本人来说，让识别很容易进行的技术或服务是促进非现金结账推广的必要条件。

在此稍微介绍一下非现金结账的推进趋势。无论对于消费者还是运营商来说，持有和使用现金要花费成本。在目前日本这种与信用卡不同的新的支付服务杂乱存在的情况下，像这种既不增加消费者和加盟店的负担，又能提高消费者的便利度的非现金的理想状态，正在以经济产业省为中心展开讨论，2018 年 4 月，其公布了《非现金·愿景》。在这个愿景中，为了与实现非现金化所涉及的相关者的视线保持一致，对于市场环境的共同理解及给非现金化做出定义，其发布了"面向 2025 年的大阪·关西世界博览会，实现超过 40% 的非现金结账比例""朝着将来成为世界最高水准的 80% 努力"这一目标，举产、官、学之力向前推进。

((ͭ)) 利用了 5G 特性的识别

5G 将成为实现识别的高级化、推进非现金化的技术基础。

日本航空与 KDDI 于 2019 年 3 月开展了利用 5G 的"无须触摸搭乘门闸"试验。在登机口门闸的上部设置了 5G 天线，发出的 5G 电波向下方照射，存有登机牌信息的手机在包中无须拿出即可通过。

现在也有人提议，反过来利用 5G 的毫米频谱难以飞远的电波特性，仅在搭乘门闸的下部安装一个通信装置的新的识别方式。

这一方法的好处是无须提供二维码，即使在两手都拿着物品的状态下也可通过搭乘门闸。就像 JR 东日本的 suica（中文俗称西瓜卡，是由东日本旅客铁路公司开发的一种可以充值、非接触式的智能乘车卡）那样，识别与结账可同时实现的门闸具有更高的实用价值。

例如在购物中心及店铺的入口处设置了那样的门闸，也许就能够提供无须通过收银台就能购物的服务。

作为无须到收银台结账的办法，JR 东日本在 2018 年 10—12 月，在 JR 赤羽站的站台上，实证运营了无人结账店铺。在这种店铺里，把西瓜卡接触位于入口处的西瓜卡读取器后，进入店铺，拿到所购商品，再把西瓜卡接触读取器，在结账的同时出口门闸自动打开后，顾客就可以离开店铺。

在入店时用西瓜卡接触读取器来识别来店顾客，在店内设置的多部摄像机跟踪顾客，顾客每拿到一件商品都被识别并加算应付额，离店时用西瓜卡接触读取器，结算合计的购物款。

在这个例子中，依靠西瓜卡把来店顾客和结账联在一起，依靠用摄像机拍摄的影像把来店顾客和所购商品联在一起；在 7-11 的试验店铺里，用工作证把来店顾客与结账联在一起；在罗森（LAWSON）的试验店铺依靠用手机读取商品条形码把来店顾客和所购商品联在一起。总之，把来店顾客、所购商品、结账联系在一起的方法有很多。

在美国亚马逊开办的食品零售店 Amazon Go 里，在进店门闸处用 Amazon Go 应用软件扫描二维码，之后把所购商品放入包里离店即可，用来店顾客手机里的在亚马逊柜台注册了的信用卡结账。

根据科技媒体 Tech Crunch 于 2018 年 1 月 23 日发布的消息称，Amazon Go 来店顾客的识别目前是通过二维码进行，以后将采取购物行动不是通过脸识别，而是利用多部摄像机把来店顾客在店内移动时的动作连续捕捉，确保是同一顾客的连续性，来识别该顾客购买的商品这种方法，以此来避免关于个人隐私的问题。

非现金的资金流不仅仅是单纯地把现金结账改为用信用卡或者手机钱包及二维码结账，而是无须在收银台结账这一行为，给来店顾客带来一种全新的购物体验。为此必须具备顺利识别的条件。其实，通过 5G 的无须接触门闸的人，也许就连识别这样的事情都根本没有察觉。期待 5G 带来的识别革新。

((·)) 用数字标牌改变广告

即使在结账以外的用途方面识别也非常重要。进行识别这件事情，能够把其后的行动（动作）及随之而产生的数据与个人联系起来。非现金结账的目的不仅在于消除来店顾客在店铺内的等待时间，以及提高收银台业务的效率，还在于通过识别、结账把来店顾客与所购商品联系在一起，据此能够提供适合来店顾客的属性和爱好的信息。

像这样把信息提供和服务与个人的属性和爱好吻合起来的方式被称为个性化，提供被个性化了的信息特别有效的手段是广告。在网上店铺，接受根据以往的购物经历所做出的被个性化了的商品提案，也已成为很常见的事情。

出现在手机服务里的广告已经被高精准度地个性化了，但是，5G 时代其余的广告也将被个性化。拿 DOOH（Digital out of Home，户外数字广告）作为具体的例子。它是指利用设置在户外及车站里的数字标牌（电子招牌，也就是大型显示器）上传的广告。

户外数字广告把户外广告数字化，使其能够上传视频，并且省去粘贴的麻烦。近年来，作为动态的户外数字广告，即上传与外部环境相连动的广告，成为一种新的做法。

由数字标牌展览会举办的数字标牌奖 2015 年的获奖作品，就已经实现了动态户外数字广告。

例如，在日本发行的面向女性的杂志 *CanCam* 的广告，与位于都营大江户线六本木站的月台上的数字标牌并排，在画面上展示身穿裙子的时装模特，每当有电车进站，裙子就会随风飘摆，这就是实现了与电车连动型的动态户外数字广告。潘婷（Pantene）所做的防晒化妆品的广告，把紫外线计测仪设置成数字标牌，显示与紫外线量相连动的收费，紫外线强的话收费就低、紫外线弱的话收费就高，这是与紫外线量相连动的动态户外数字广告。

(((•))) 在海外事例也不断增多

在海外也有许多动态户外数字广告的事例，其中很著名的是在伦敦皮卡迪利转盘设置的大型数字标牌——不列颠航空的广告。

这个广告从一名男子坐着的画面开始，到站起来仰望天空走动，最后用手指向天空，在那个手指尖的延长线上出现了不列颠航空的飞机，并在画面上显示飞机是从哪飞来的。这一与飞机连动型动态户外数字广告给人们留下的印象非常深刻。

动态户外数字广告通过与电车的进站、紫外线量、飞机的飞行这些周边环境信息连动并显示在画面上，大大提高了广告效果。如前所述，如果能够利用 5G 实现个性化、动态户外数字广告，那么广告效果更会显著提高。

也就是说，通过识别位于动态户外数字广告设置场所周边的潜在视听者，不仅把周边环境，还要根据潜在视听者的人数、属性及爱好的不同上传不同的画面，从而达到广告效果的最佳化。

以不列颠航空的广告为例，假如数字标牌设置场所周边女性多，就上传关于飞机飞往地点的女性喜欢的观光景点及西餐馆的广告，那样的话就可能会使广告的效果更好。

进而与移动结合起来的个性化、动态户外数字广告，可以说是把 5G 所具备的技术要求都充分利用了的广告。

就像 JR 东日本的列车频道（Train channel）那样，在电车、地铁、公交车上设置的广告，其周边环境、视听者都在短期间不断变化。通过活用 5G，位于画面周边的视听者的信息与车辆每一次停靠的车站周边的店铺及其空座情况都被充分利用，就有可能上传最佳的广告。

例如晚上六点左右，在下班回家的多是男性乘坐的车辆里，如果能够实时传送靠近下一个停车站旁边新开张的小酒馆空座情况的广告，就会得到比通常的静态广告更好的广告效果。

(┌) 并非是"梦话"

瞄准利用 5G 的户外数字广告的动态化、个性化这些革新，NTT DoCoMo 和电通于 2019 年 2 月设立了名为 LIVE BOARD 的合办公司。在该公司设立之时，NTT DoCoMo 提出了公司发展的目标，即利用其所拥有的移动空间统计（基于移动通信系统运用数据的人口统计），充分利用在广告设置场所周边每一天、每个时间段出现的不同性别、不同年龄段的人数，并充分利用 5G，将广告效果达到最佳化。

上文所叙述的那样的广告绝非梦话，在不远的将来它们就会变成现实。

从智慧城市到社会5.0

(((p))) 迈向超智慧社会

不只是户外数字广告，在生活中目所能及之处都与互联网相接的时代，城市的应有状态也在发生改变。

你也许听说过"智慧城市"这一词汇，它是 2000 年前后开始提倡的"充分利用 ICT，以此来解决城市问题，提高生活质量"这一构想。在提出智慧城市的当初，太阳能发电及电动汽车等与电相关的新技术发展迅猛，根据这一状况，如何让城市的能源管理最佳化，成为人们讨论的主要议题。

依靠 IoT 终端（用于实现物联网解决方案的传感器和摄像机等，为达到某种目的具有特定功能的成本较低的终端）的多样化、最适合 IoT 的低廉通信服务，通过机器学习、深度学习促使 AI 的进化等数字革新，来解决涉及面更广的城市问题和社会问题。作为这样一个综合性的概念，"社会 5.0" 这一构想为人们所提倡。

所谓社会 5.0，是指把狩猎社会作为社会 1.0，继农耕社会的社会 2.0、工业社会的社会 3.0、信息社会的社会 4.0 之后的第 5 阶段的社会。把前文所述的数字革新视为产业革命，应把自 20 世纪后半期持续至今的信息社会转向什么样的社会，围绕这一课题的讨论不断取得深入。

在 2016 年 1 月日本内阁会议决定的《科学技术基本计划》中，把 "最大限度地活用 ICT，促进网络空间与现实空间走向融合，通过这些举措使人们更加富裕" 的社会定义为超智慧社会。

为了实现超智慧社会，设定了涉及多个方面的课题，如能源管理的最佳化、道路交通系统的高级化、制造业工序的革新等，通过产、官、学携手，相关各省厅携手，举国一致为构建新的社会付出努力。

建设以人为中心的社会

在社会 5.0 时代，把气象信息及发电站的运转情况，工厂及写字楼，各个家庭的太阳能发电状况及电力使用状况等一定区域的发电、消费的多种信息汇总，利用 AI 解析，以此来实现能源管理的高级化。

努力目标不只是各个家庭的能源管理最佳化，而是通过整个社会的能源稳定供给、温室气体的减排等减轻环境负荷。

在交通领域，利用 AI 对汽车的传感信息、实时反映道路宽度及行车线、标识等信息的三维动态地图、目的地及其行驶路线，以及驾驶者和同乘者的爱好等信息进行解析，来实现交通最佳化。

不只是满足移动者的需求，还要谋求通过削减二氧化碳的排放、扩大消费搞活地方等举措解决社会问题。

在医疗、护理领域，利用 AI 对个人的实时生命数据（vital data，脉搏、血压等活体信息）、医疗机构的信息、医生和患者的沟通履历等信息进行解析，不仅能达到维护人们健康、患者早期恢复的目的，还能解决削减医疗费及护理费等社会成本及医护人员的人手短缺问题。

这些都是与本章前半部分介绍的 5G 的实证事例很相似的做法。5G 是社会 5.0 的基础，所谓 5G 实证，也可以理解为对社会 5.0 构成要素的技术实现可能性，以及对利用者的有效性进行验证。也可以说是，作为活用 5G 的场景集合体来实现社会 5.0。

作为围绕智慧城市的进化可以列举出如下三点：

1. 能够通过手机及可穿戴终端（手表等的穿着型终端）向 IoT 及消费者的普及取得各种各样的数据；

2. 通过 AI 的进化能够把上述各种数据当作解释变量使用；

3. 根据 AI 解析的结果提高未来状况预测及个性化的精度。其结果谋求在提高每个人的生活质量的同时解决社会问题，即所谓的"建设以人为中心的社会"，就成为社会 5.0 的核心。

(ᵖ) 与地方公共团体携手

与人口集中的城市相比，人口减少及老龄化进展迅猛的地方社会问题更加深刻，社会 5.0 作为解决它的有效做法，经常以搞活地方的文脉予以说明。

像辅助安全驾驶及远程医疗那样的解决方案，在不能驾驶汽车的老年人不断增加、医生短缺这些问题日益严峻的地方才会更好地发挥作用。

利用 ICT 对生活方式的革新，通过新的智能手机及新的在线服务，无论哪个大都是以城市的年轻人为起点。而通过社会 5.0 开展的革新是以地方为起点，这一点也可以说是社会 5.0 所具有的特征。

虽然已经在日本国内的多个城市推进了以实现社会 5.0 为目的的工程，但是日本国土交通省自 2019 年 3 月开始公开征集目的、在于创造社会 5.0 实现场地的智慧城市活动方案。本活动方案的提案者把地方公共团体当作包含其他成员在内的参与者，作为政府来支持由地方公共团体开展的社会 5.0 活动。

在本书的第 1 章涉及了通信运营商强化伙伴关系的情况，在那里也包括了与地方公共团体结成伙伴关系。NTT DoCoMo 与山梨县、静冈县、大阪府、高知县、冲绳县的 4 个町村（与那国町、国头村、大宜味村、东村）、前桥市、广岛市等签署了目的在于通过利用信息通信技术搞活地方的合作协议。

KDDI 与足立区、御殿场市、福山市、萨摩川市、白马村等，软银与德岛县、广岛县、犬山市、宇治市、高浜市、东松岛市、福山市等签署了合作协议。

如果包括实施了实证试验的城市，还有数量更多的地区面向社会 5.0 开展了推进事业。对于通信运营商来说，在地方出现的社会课题是 5G 商务的种子，所以通信运营商必然会围绕争夺地方公共团体展开激烈竞争。

不过正如前文所述，广岛县与 NTT DoCoMo 和软银两家公司签署了合作协议。福山市也不只是和 KDDI，还与 MONET 科技公司（软银与丰田汽车的合办公司）签署了合作协议。

从这种情况可以看出如下构图：通信运营商不是作为场外队员确保与地方公共团体的关系，地方公共团体也有意把通信运营商分别利用。

作为通信运营商的意图，可以认为是想创造社会 5.0 的样板城市，把在那里构建起来的解决方案再向其他城市推广。

在比城市人口密度低的地方，通过手机和平板电脑获得的通信费收入难以与城市相比，为此，依靠通过实现社会 5.0 开发出的解决方案，从当地的产业和地方公共团体那里得到的收入，可以确保继续开展 5G 投资的后续资金。从这一点考虑，与地方开展合作也是非常重要的。

通信运营商在地方认真地挖掘需求，构建商务模式，就可以达到分阶段地拓展 5G 区域的目的。在 5G 区域拓展了的地方充分利用其通信基础设施，寻求实现社会 5.0 的新做法。

取代智能手机的设备

📶 已经成熟的智能手机

在本章的最后，对"5G 时代也用智能手机吗""在智能手机之后人们拿着走的终端是什么"这些将来的个人装置问题展开探讨。

对智能手机构成威胁的个人装置尚未出现，各家智能手机终端厂家仍将发布它们的 5G 智能手机，智能手机的时代仍将持续。

不过，近年的智能手机已经难以在外观上推出差别化的举措。物理按钮没有了，屏幕边框没有了，in-camera（在智能手机屏幕的侧位，拍摄自己这一面的照相机）的切口也没有了，比上述这些再洗练的部位已经找不到了。

虽然说依靠折叠的结构使之大画面化是容易想到的差别化方法，但即使三层折叠、四层折叠这种结构从技术层面来讲能够实现，但是如果厚度和重量增加的话，就与携带终端不相符，即使能做到更加大画面化，在外出地点也难以打开使用。

如果说改变外观已经难以做到，那么就要考虑功能的进化。增加所安装的照相机的数量、附加写字笔之类的输入显示器、提高音箱的质量、附加新的识别／结账功能等，各种强化功能的做法都在考虑之中，今后都将得以实现。

但是，能给消费者带来惊喜、让消费者感到心潮起伏、能改变消费者的生活方式，及每天的行为等诸如此类的革新已经非常困难了。无论是从外观来看还是从功能来看，可以说如今的手机已经非常成熟了。

能伸长的可佩戴终端

如今，从早晨起床到晚上睡觉，生活中所必要的所有功能都集中于手机，而可以从手机那里衍生功能并取得成功的是可佩戴终端。比如，我们现在偶尔能看到在车站检票口使用装有西瓜卡功能软件的装置和在便利店使用苹果手表结账。

2018 年 4 月，IDC（国际数据公司）发布称，全世界可佩戴终端的出厂数量预测值 2018 年约为 1 亿 3290 万部，2020 年约为 2 亿 1940 万部，年均增长率（CAGR）约为 13.4%。具体到日本国内，从 2018 年的 89.2 万部增长到 110.3 万部，年均增长率约为 5.5%。

无论是世界范围内还是日本国内，可佩戴终端的大部分都是手表型的。截至 2016 年前后，可佩戴终端的主流还是面向爱好运动的人记录运动量的手环式简约廉价的专用终端，但 2017 年以后以苹果手表（Apple Watch）为代表的具有多种功能的手表型终端成为主流。

可佩戴终端本来就是小型的，显示器也是小型的，能够组装的零部件也很有限。为此，廉价的专用终端成为主流。但是，以苹果为首的终端厂商依靠其强大的硬件开发能力，以及即使是小画面也不失操控性的巧妙的 UI 设计能力，手表型的多用途终端占据了优势地位。

根据 IDC 所做的 2018 年第四季度的可佩戴终端出厂数量的调查结果，苹果占有超过六成的压倒性市场份额。苹果手表与其他苹果产品在识别方面的联手（如果佩戴苹果手表就可以自动登录由该公司开发生产的个人电脑）、连接 4G（即使苹果手表自身也可以在任何地方通信），以及结账功能（用苹果手表自身即可结账及在自动检票口剪票）等方面，不断追加新的功能。同时，这些功能都可以轻松利用，处理速度等基本性能也在不断提高。相对于专用终端，其多用途终端的优势不断得到巩固，已经部分代替了手机的功能。而且，苹果让其手表具有了超越手机替代品的意义，那就是保健功能。

苹果手表具有光学式心率传感这一读取心率数值的功能，可以设定其在心率达到一定程度以上时发出提醒。还具有监测佩戴者摔倒并及时发出通知的功能。通过这些功能，苹果手表已经挽救了许多人的性命。

而且，苹果手表最新的系列还安装了心电传感功能。这是能够读取心电图数据的功能。不过，在日本这一功能必须取得作为医疗仪器的认证，因此它目前还不能被利用。

监测摔倒这些功能即使是手机也有可能做到，但是心率及心电图的常态化监控，如果不是经常接触肌肤的可佩戴终端则不可能做到。所以说，苹果手表绝对不单纯是代替手机的手表型终端，它还在向具有保健功能的医疗仪器的方向发展。

(※) 高可靠、小容量的通信

既然苹果手表不是手机的替代品，手机用户也有理由佩戴苹果手表。从现状来看，苹果手表的启动及应用软件的利用还需要依靠**iPhone**。但是，苹果手表自身也可安装应用软件，将来只靠苹果手表就可以生活的状态也可以实现。

在这里以苹果手表为例，要说明的是，目前正在普及的面向消费者的终端中，可佩戴终端处于最有发展前景的地位。

要想让可佩戴终端普及，那么它就不能只是手机的替代品，还应该具有与可佩戴终端名称相符的价值，比如像上文所讲的保健功能。

要想实现传送心率和心电图并且在万一的情况下发出通知的功能，就对通信提出了既要有可靠性又要具备实时性的要求。而且，为了实现这些保健功能所要传送的数据容量并不大，因此就需要高可靠、小容量那种类型的通信。

把可佩戴终端用于日常生活通信，不一定限于具备满足高可靠、小容量这一条件，还有可能利用 5G 通过网络切片技术，把用于保健功能的通信与用于日常生活的通信区分开来，通过收取不同的通信费来提供。

((๑)) 基本上已经实现的"普遍存在"

那么进一步来看，未来智能设备将会有怎样的发展呢？ICT 领域瞬息万变，超长期的未来预测基本上是不可能的，与对未来进行预测相比，更为重要的是揭示未来的愿景并朝着实现它们的方向迈进。

回顾过去的 10 年中，日本曾经提出"普遍存在"（ubiquitous）这一网络愿景。总务省把普遍存在的网络社会定义为"无论何时、何地、何事、何人都可以上网的社会"。

在智能手机和 IoT 正在普及的今天，看起来这一切是理所当然的。

但是，对比在还没有 iPhone、功能手机还占有主流地位、上网需要利用个人电脑的当时，如今的智能手机和 IoT 是既先进又能够引发人们共鸣的愿景。作为相关领域的人们朝着实现这一愿景努力迈进后，才有了今天的形势。

据说 ubiquitous 这一词汇的词源是拉丁语，但是利用 ICT 的文脉使用这一词汇的，是美国帕罗奥多研究所（PARC）的计算机科学家马克·维瑟 (Mark Weiser)。ubiquitous 的本来意义为普遍存在，也就是无论何时、何地都存在。他所提倡的 ubiquitous computing 这一概念，是指在生活的所有场所都有计算机存在（也被翻译为普适计算）。

智能手机也可称为移动计算，也就是实现了能够拿着电脑走的社会。移动通信系统及数据中心的进化被称为云计算，也就是实现了并不在意电脑在何处、从自己利用的终端就能与它接通的社会。如今，普遍存在的这一愿景可以说已经基本实现了。

不过，回到 ubiquitous 的本来意义——"无论何时何地都存在"上来，我们还仍然在使用自己的终端，也未必达到了普遍存在的程度。包括智能手机和可佩戴终端在内的个人装置，在将来是否还能够存在，这是在描绘 5G 及其以后的未来时应该讨论的问题。

((φ)) 5G 实现了"普遍存在"

关于识别和个性化的革新前文已经阐述过。如果在生活流动线的所有场所都有摄像机（照相机），能够像 Amazon Go 那样追踪同一人物的话，依靠个人装置的识别就变得没有必要了。进而在生活流动线的所有场所都设置数字标牌，在那些标牌的屏幕上锁定视听的个人并将画面个性化的话，使用自己的手机查找周边事物也就变得没有必要了。

无论在何时何地都有屏幕，如果那时看到的画面与自己的手机发挥同样作用的话，也就没有必要拿着手机到处走了。

索尼和爱普生等公司提供的短焦投影仪与通常的投影仪相比要小，能够在较短的距离投放出较大的画面。即使在没有设置数字标牌的地方，使用这种投影仪也能够把画面投放在所有的墙壁上。在所有的消费者的生活流动线的所有场所都设置摄像机及数字标牌虽然说难以考虑（问题出在成本上），但从技术上来看并非不可能。

如果将这些用 5G 接到互联网上，那就是真正意义上的"普遍存在"，也就是自己的电脑处于"无论在何时何地都存在"的状态。别说智能手机，所有的个人装置都不再需要了。

根据 2019 年 1 月 8 日的 Business insider（美国著名的科技博客、数字媒体创业公司、在线新闻平台）发布的消息，中国百度的创业者李彦宏在电视上的新年特别节目里发出了"智能手机在 20 年以内消失"的预言。其理由是现在智能手机所做事情的大半，在家电里安装的 AI 都可以做到。

他所说的"家电 +AI 就可以代替手机的功能"，与"生活流动线上的所有终端 + 用 5G 连接的 AI 就可以代替智能手机"基本上是同一主张。

ICT 把集中与分散反复地向前推进。利用者要想舒适地享受服务，首先应该将分散的个人装置高功能化。如果互联网变得更加高速，如果用云计算解决就可以，那么个人装置的功能就都可以集中到云上。

但是，如果有新的服务得势、互联网成为掣肘的话，还是利用个人装置来完成让人感到更舒适，这就又要追求个人装置的高功能化了。

从这个意义上说，依靠对 5G 的革新，个人装置的功能重新集中到云上及边缘上，如果在所有场所设置的数字标牌使用低功能、低成本的产品就可以的话，那么作为其终极的状态，个人装置成为累赘的未来就在等待我们了。

第 3 章

5G 改变商务

5G给行业/产业带来的影响

第2章对5G使消费者的生活发生了怎样的变化进行了说明，本章将介绍5G对商务产生的改变。

正像第1章所谈到的那样，5G作为在各个产业出现数字转换的基础而备受期待。爱立信（Ericsson）曾发布了一份题为《5G给产业带来的影响》（*The Industry Impact of 5G*）的报告，其主要内容为：到2026年，在主要的10个产业中，5G所带来的数字转换的市场规模将达到1.3万亿美元。从各产业的构成比来看，能源产业／公用事业（水、电、燃气等）占19%，制造业占18%，公共安全产业（安保／治安等）占13%，健康养老产业占12%，公共交通产业占

10%，媒体／娱乐产业占 9%，汽车产业占 8%，金融服务业占 6%，零售业占 4%，农业占 1%。

4G 以前的移动通信系统通过移动电话（功能机）及智能手机等个人装置，奠定了改变健康养老、媒体、汽车、金融、零售这些消费者的生活方式的基础。正像第 2 章所讲述的那样，5G 对生活方式的革新也备受期待，但是从对经济活动的影响这一意义来说，通过机器设备的自动检查及机器人的自动操作等引发商务出现革新的用途，要大大超过面向消费者的用途。

本章将介绍 5G 将给各行业／产业带来怎样的革新。

能源产业、公用事业的革新

(((ŋ))) 采用智慧仪表的 3 个效果

上述的爱立信报告认为，通过 5G 带来经济效益最大的产业是能源产业、公用事业。作为具体的用途，该报告认为其主要包括如下几个方面：智慧仪表及其基础系统（Advanced Metering Infrastructure，AMI）、分散型电源（小规模的太阳能发电等的发电装置）的管理、大型发电设备的远程管理等。

所谓智慧仪表，是指具有通信功能的电表，电力运营商（公司）正在推进对它的采用。承担日本东京电力控股公司配电送电业务的东京电网要在 2020 年度（2020 年 4 月 1 日至 2021 年 3 月 31 日）以前，为提供服务所在区域的所有用户，设置约 2900 万部智慧仪表，把 30 分钟用电量的累计值每隔 30 分钟传送到公司。目前，东京电网正在推进这项业务。

该公司列举了采用智慧仪表会带来的如下 3 个效果：一是协助用户节约能源。把从智慧仪表收集来的用电量信息还原给用户，为用户提供注意做到节约用电的机会和重新估算合理用电的机会，通过把数据传送到 HEMS 设备（Home Energy Management System，家庭能源管理系统），达到家庭用电控制的最佳化，实现协助用户节约能源的目的。二是提高设备的利用效率。为了开展配电送电业务，该公司通过所管理区域的合同信息，估算变压器所能承载的电量负荷，开展设备投资。如果通过每部智慧仪表每 30 分钟的电量，就能够更高精准度地估算负荷电量，还能够选择适合的变压器容量，就能够提高设备投资的效率。三是查表业务的效率化。通常的电表在查表及合同变更时电流断路器的更换、电流的接通和切断等业务发生时，业务员必须上门开展业务。智慧仪表能够实现这些业务的自动化及远程操作，从而可以达到削减人工成本的目的。

东京电网把当初确定的从 2014 年度开始、利用 10 年时间完成设置的计划提前了 3 年，快速推进把以往的电表更换为智慧仪表的业务。其理由不仅在于让设备投资及人工成本最佳化，能够明确计算出采用效果，还期望充分利用用电量数据开展新业务。

日本经济产业省的资源能源厅在电力 / 燃气基本政策分委会所做的报告中，提出了各电力公司智慧仪表的预定设置数量及 2017 年度末的设置比率。根据这份报告，东京电力设置率要达到 39.3%，关西电力要达到 57.5%，大都市圈设置进展较快。但是从日本全国来看，预定设置数量为 7800 万部，实际设置的数量仅为 2800 万部，到 2024 年度全国的设置率要达到 100%。这一计划已经明确，要趁着今后的几年完成几千万部的更换业务。

因为，这些智慧仪表要不分昼夜地定期（每隔 30 分钟）开展通信，所以 5G 的大规模同时连接效果最佳。不只是智慧仪表，具备通信功能的分散型电源即使大量普及，也不会对通信造成影响。

此处有两个论点：

论点 1：使用固定通信不是也可以吗？

与人和汽车不同，智慧仪表、分散型电源及发电设备等在此列举的管理对象，都是不移动的装置，一旦安装了的话就不能动了，所以好像有"也可以使用固定通信"这样的想法。

　　但是，如果是先想好把智慧仪表及分散型电源用固定通信连接而建设的建筑物还好，如果不是这样的话，必须开展布线作业，而且还必须考虑从通常是安装在户外的这些装置里伸出的通信光缆该布置在何处。

　　把电表更换为智慧仪表的业务员，对于通信未必有多少了解。如果因为其他原因出现了把安装智慧仪表的位置改变了的事情，那么就为以后包括布线在内的工作带来很多麻烦。

　　从另外一个角度来看，如果在智慧仪表里安装了无线通信功能，那么，布线的问题也就不存在了。所以说，安装智慧仪表的无线通信是首选。

　　论点 2：不用 5G 不是也可以吗？

　　这里所列举的管理对象办理的数据是电力之类的数据，不一定需要那么大容量的通信，每隔 30 分钟一次的断续通信即可，对于时延的要求也没有必要那么严格。而且，本来是依靠人工每月一次查表读取的数据，每隔 30 分钟的通信即使有或多或少的传送失败，只要在下次通信的时候对数据进行更新，也不会成为严重的问题。为此，有必要非得用 5G 吗？

　　这种具有特殊性质的通信也就是为 IoT 提供的 LPWA（Low

Power Wide Area，低功耗广域通信）。所谓 LPWA，是指依靠距离长、耗电低的通信方式，利用一座基站能够与广大区域的大量终端通信，终端一侧的电力供应无须多少就可解决的通信方式。简而言之，就是以便宜来降低品质的通信，就像本节所介绍的能源产业 /公用事业领域的通信那样，以定期传送小容量的数据为目的，这也是在 5G 时代非常重要的技术。

要想理解 IoT 必须加深对 LPWA 的理解，所以，在此首先介绍 LPWA 的全貌。

所谓支撑 IoT 通信的 LPWA

LPWA 有两种，即 Celluar LPWA 和非 Celluar LPWA。所谓 Celluar，是指蜂窝式移动通信系统。所谓 Celluar LPWA，是指工作于授权频谱下的 LPWA 通信。

毋庸讳言，依靠 5G 提供的 LPWA 是 Celluar LPWA。要想利用移动通信系统必须在全国各地布满通信网，无论在何处都能利用，因为是使用具有授权的频谱，是品质较高的通信，这是它所具有的特征。

另一方面，非 Celluar LPWA 是指除 Celluar LPWA 之外的工作于未授权频谱下的 LPWA 通信，它虽然也配置了基站的通信方式，但是为方便起见，将其称为非 Celluar LPWA。

Celluar LPWA 虽然比不上移动通信系统，但是在能够利用的区域迅猛扩展。而且它是专门为 LPWA 特殊设计的通信方式，能够提供比 Celluar LPWA 便宜得多的通信服务。

Celluar LPWA 目前有 LTE-M 和 NB-IoT 这两种方式。技术方面的情况无法详细介绍，但简而言之，LTE-M 是低配置（规格降低）的移动通信系统；NB-IoT 为了在移动通信系统之上开展 IoT 通信而设计的一套系统。

具体来说，LTE-M 的网速最大不超过 1Mbps，与移动时发生的切换（hand over）相对应。并且，还可以与 FOTA（Firmware On-The-Air，利用无线通信来更新控制终端的软件）相对应。而 NB-IoT 的网速最大为 63Kbps，不能与切换和 FOTA 相对应。

从日本国内的通信收费来看，LTE-M 每月几百日元，关于 NB-IoT，软银于 2018 年 4 月在国内刚开始商用化，每月收费为 10 日元，可见是以非常低的价格来提供服务的。

如上所述，在通信对象要随时移动、通信量较大、必须定期更新软件的情况下，要利用 LTE-M；在通信对象不经常移动且移动距离很短，并且希望收费低廉的情况下，利用 NB-IoT。可以根据情况分别利用。

所谓非 Celluar LPWA

下面介绍非蜂窝式 LPWA。因为它利用的是 920MHz 这一无须授权的频谱，得到许多运营商的青睐。其中，主要有美国 Lora Alliance 主导的 LoraWAN 和法国 Sigfox 公司提供的 SIGFOX。

推进 LoraWAN 标准化的 Lora-alliance 是以美国 Semtech 公司为中心，与 IBM 等联合设立的标准化团体。所制定的标准也成为开放的技术版本，提供 LoraWAN 的运营商可以构建自营网络，网速在几百 bps 至几十 Kbps 之间，通信距离从几千米至 100 千米。根据网速和通信距离的不同，它们的安装方法也不同，因此服务内容和收费也有所不同。

在法国和韩国，MNO 提供独自的 LoraWAN 服务。在日本，IoT 通信平台运营商赛斯维（senseway）于 2017 年 11 月发布要在全国构建 LoraWAN 网络的计划。

SIGFOX 是 2009 年在法国创立的通信运营商 Sigfox 提供的 LPWA，其上传的网速为 100bps，一次通信为 10 个字节（byte），是专门为 IoT 构建的无线通信系统。该系统虽然已向全世界拓展，但是在一个国家只能和一家运营商签约，与之签约的运营商在自己的国家构建通信网络并负责运营。在日本由京瓷通信系统（KCCS）独家提供服务。

与 Lora Alliance 采取的制定标准版本、认可世界各国的运营商独自构建通信系统的开放战略相反，Sigfox 采取的是设计与 LPWA 最适合的通信版本，将其以一个国家一个运营商为原则对其提供的封闭式战略。这两者无论哪家提供的服务都是通过压低平均每次的通信量和网速，以低成本实现基站覆盖的通信。

其他，主要还有以智慧仪表为对象、由日本主导予以推进的 Wi-SUN、正在推进 Wi-Fi 普及的 Wi-Fi 联盟（Wi-Fi-alliance）推进的低功耗广域通信 Wi-Fi HaLow、英国纵行科技（ZiFiSense）以独自开发的技术为基础在日本设立的 ZETA alliance 推进的多跳型通信（multi-hop，终端不仅能与基站通信，终端与终端也能通信，扩大每座基站的覆盖面的通信方式）的 ZETA、索尼独自开发的即使在时速超过 100 千米的高速移动中也可通信的 ELTRES 等。可见，各具特色的多种非蜂窝式 LPWA 都在推进之中。

从 Celluar LPWA 直接向 5G 过渡

解释的篇幅过长了，我们言归正传。"不用 5G 不是也可以吗"这一论点，可以换成这样一种说法：在目前存在多种 LPWA 的情况下，能源产业 / 公用事业领域的通信是不是应该用 5G 的 Celluar LPWA？

各具特色的 LPWA 被提出并推广，市场很大，今后竞争也将非常激烈。NB-IoT 将更加便宜，并且将附加新的价值；Celluar LPWA 依靠 5G 将更加进化，将成为非常有可能的选择。

上述"用固定通信不是也可以吗""不用 5G 不是也可以吗"这

两个论点是贯穿本章的论点，所以在此给予了比较详细的解释。

软银预定于 2019 年春开始，提供用于 LP（liquefied petroleum，液化石油）燃气远程查表的通信平台。LP 燃气很久以前就采用了利用电话线路的远程查表方式。随着互联网的普及和无线通信的普及，无线查表也备受期待，但是由于成本问题推广的进度很慢。由于有了上述 Celluar LPWA 的出现，人们的期望又再次增强。

这一平台为了与 FOTA 相匹配，通信方式没有采用 NB-IoT，而是采用了 LTE-M。在高层住宅设置的仪表，也可通过安装经由设置在电波状况良好的场所的仪表就能连接的多跳功能得以实现，或者通过运用低功率耗电瓶驱动且十年之内免费维修（maintenance free）的方式，谋求以低成本进行远程查表的最佳化。

无须等到 5G 实现，Celluar LPWA 将会快速普及，等到实现 5G 时，就可以直接过渡到 5G。

工厂变样，制造现场变样——制造业的革新

5G 在制造业领域也具有多种用途，例如，预测和检查在工厂运转着的工业机器的故障、产业用机器人的中央控制及协调作业、在制造及配送环节的可追踪（traceability，追溯）等。

虽然说利用 LPWA 即可做到为了开展预测和检查所需信息的收集，但是把解析结果再反馈回来并操控机器人，依靠LPWA无法做到，所以对制造业的通信提出了难度更高的要求。

在第 1 章对数字转换的阐述中，讲到了工业 4.0，但在依靠 5G 对数字转换做进一步思考时，制造业可以说是具有很大实现可能性的领域。

首先，从博世在 2018 年 MWC 年会（世界移动通信大会）期间所做的展示，来看 5G 在制造业的应用前景。

(𝜸) 博世所思考的 6 个"切片"

在 2018 年 2—3 月举办的 MWC 年会上，博世的 Andreas Muller 先生围绕工业 4.0 和 5G 给制造业带来的革新，以《为了工业 4.0 的网络切片——对它的期待和机会》为题发表了演讲。他的演讲结论是，5G 所带来的革新，与高速率、低时延这些 5G 所具有的要素相比，依靠网络切片实现的多种通信应用到工厂中所带来的好处将会更多。

那么，在工厂内是怎样活用网络切片的呢？首先，工厂内存在着 FA（Factory Automation，自动化生产线系统，机械臂等产业用机器人）、移动机器人（在工厂内移动开展业务的机器人）、HMI（Human Machine Interface，工厂内的技术人员或戴或穿的帮助开展业务的终端，即人机接口或称人机界面，包括业务用平板及头戴式显示器等）、物流用显示器（为了管理进出工厂的移动过程及追溯过程而在平板里安装的通信芯片）等发生通信的各种各样的终端。

虽然这些终端根据各自的目的发生通信，但是对于通信需要满足的要求因通信目的的不同而有所区别，所以，依靠网络切片可达到每个终端通信的最佳化。

上述这些就是博世对于 5G 的期待。

下面列举 6 个具体的切片实例。

1. Highly demanding QoS requirements：这是从技术人员手拿的终端对工厂内的设备发出指示情况的、确保了高 QoS（Quality of Service，通信服务的品质）的通信。

2. Many different use with very diverse requirements：这是对于工厂内的各种设备所要求必须达到的条件都已经最佳化的通信。

3. Well-isolated integration of third parties in own infrastructure：这是在自己公司的工厂里有其他公司的装置及设备的情况下，在安全管理方面互相分离、在功能方面已达到协调一致的通信。

4. Shift of intelligence to the network：这是按照用途，特别是要求做到低时延的交由边缘计算的通信。

5. Remote access / control with well-defined QoS & security：这是被管理到即使通过互联网也能确保高通信品质和安全的通信。

6. Application-specific network functions：这是已经符合通信对象是否移动及以多快的速度移动等应用特性的通信。

正如上述 6 个方面那样，网络切片和每个切片通信的最佳化将会推进工业 4.0 即制造业的数字转换。

((ᵖ)) 在各国不断开展的实证试验

2019 年 2 月，在电装（DENSO）公司九州工厂开展了活用 5G 的实证试验。

国际电信基础技术研究所（ATR）、DENSO、KDDI 和九州工业大学共同利用 5G 围绕构成工厂生产线的产业用机器人，以及三维计测传感器的操控开展了实证试验。

虽然在变更生产线的情况下必须改变产业用机器人的配置，但是，在安装了固定通信的情况下，会出现在布线设计及重新运转等调整方面花费时间、降低工厂的运转效率等问题。作为解决这些问题的办法，验证利用 5G 进行操控的技术可行性和有效性。

对能否超越固定通信的替代这一意义，能否达到 5G 才具有的可信赖、低时延的效果也进行了验证。

在德国创立、现在是中国美的集团下属公司的库卡（KUKA），作为工业 4.0 的代表性企业从很早就开始致力于 FA 的高级化。该公司在 2016 年 3 月的德国汉诺威消费电子·信息及通信博览会（CeBIT，欧洲最大规模的 ICT 解决方案博览会）期间，与华为签署了合作谅解备忘录（Memorandum of Understanding，MoU），积极开展 5G 试验。在 2017 年的 MWC 期间，展示了使用两台 FA 用的机械臂、用机械臂的指尖拿起鼓槌（drumstick）合着音乐的节拍敲鼓这一演技（demonstration）。因为音乐如果出现时延就会导致动作出现偏差，通信出现失败，就无法做出设定的动作。这引发了人们的注意，所以人们经常利用音乐来做高可靠、低时延的试验。

这次演技得出的报告是，5G 已经达到了 99.999% 的可靠性、1 毫秒的低时延。能够合着音乐节奏敲鼓这件事情，就足以证明能够做到在有着同样的高可靠、低时延要求的生产工序上开展协调作业。

并且，韩国大型通信公司 KT 在 2019 年 1 月的 WEF 年会期间，围绕 5G 在制造业领域的应用发表了报告。韩国的现代重工和浦项钢铁都利用 5G 对采用了机器人远程操控、自动化解决方案的工厂进行了试运转，得出了生产效率提高了 40%、产品次品率下降了 40% 的报告。

(( )) 地方满怀期待的"本地 5G"

前文阐述了制造业特别是工厂对活用 5G 备受期待，但是在此有一个问题。

第 1 章讲到了就连通信运营商都制订了 5G 开发计划，毕竟城市的手机用户对通信需求大，5G 也是从城市开始投资建设的。但从另一方面来看，制造业的工厂未必都设在城市，在工厂用地容易取得的地方、人口密度不太大的区域反而存在更多的制造业工厂。虽然 5G 是从手机通信需求密集的城市开始建设，但是真正对远程和自动控制有需求的是设在人口密度小的工厂。对这样的需求悖论，日本总务省也有着很深刻的认识，于是开始讨论"本地 5G"的配置制度。

所谓本地 5G，是指把 5G 频谱做了只能在"自己的建筑物内"或"自己的地块内"才能使用的分摊。

建筑物及土地的所有者得到了构建系统申请的通信运营商才能得到 5G 的授权。简而言之，就是"在特定的建筑物 / 场所，谁都可以提供 5G 服务"这样的制度安排。

频谱首先是限定在 28.2GHz ～ 28.3GHz 这 1 毫米波工作频段的 100MHz，但是估计将来会不断扩大。不只是手机有通信需求，在本章所列举的产业领域的通信需求都只有备受期许的 5G 才能胜任。可以说，这是充分利用了不能远距离传输的高频谱的电波特性来安排的。

围绕本地 5G 的问题意识并非日本所固有。高通（QCOM）在日本总务省的本地 5G 讨论工作组所做的报告中指出，美国的通信运营商可以把分摊给它们的 5G 频谱租赁（Spectrum Leasing）出去。所以，非通信运营商也可以独自开展本地 5G 的服务；德国是将特定的频谱分摊给产业 IoT 使用。可见，海外国家也在解决本地 5G 的问题开展讨论。

日本对本地 5G 的服务确立了时间表，28.2GHz ～ 28.3GHz 的频谱在 2019 年之内用于发行官方报道（公报），此后就由各地的综合通信基础局受理申请并发放授权。也就是说，在 2020 年 5G 商用化之前，通过本地 5G 提供商用服务在制度上就成为可能。

(((•))) 小松充分利用从工厂飞出的 5G

诺基亚的首席执行官（CEO）拉杰夫·苏里（Rajeev Suri）在 MWC2019 期间谈到了本地 5G 的作用，他在做出未来 10 年将会出现大量采用本地 5G 的事例这一乐观估计的同时，还列举了德国的宝马（BMW）和日本的小松这两个本地 5G 的先进事例。

BMW 是此前介绍的工业 4.0 的先进企业，而小松并不是在工厂的生产过程中利用 5G，而是在把生产出来的机械用于矿山的采掘现场中使用。这也可以说是制造业的数字转换。

2017 年 5 月，小松与 NTT DoCoMo 就利用 5G 开展建设机械·矿山机械的远程操控系统开发签署了基本协议。该公司早在 1999 年就已经开发了自己公司生产的机械的运转状况管理系统 KOMTRAX。此外，还采用了卸货卡车的无人管理系统及施工现场的可视化等多种解决方案。

小松通过利用 5G 将这里的通信激活，不但可以提高实时性、可视化，还可以开展反馈操控。

2018 年 1 月，小松对外公开了建设机械·矿山机械的远程操控系统的试验，从被 5 个遮挡视野的显示器和遥控器群所包围的驾驶员座舱，对位于远处的建设矿山现场的机械进行操控。

通过在机械的一侧架设好的高精密摄像机将画面实时传送，尽可能接近驾驶员实际驾驶的体感。通过利用 5G 对机械进行远程操控，是缓解建设矿山现场的人手短缺及消除现场作业危险的做法。

虽然在此只举了小松和 NTT DoCoMo 联手的例子，但是预计建设机械·矿山机械的远程操控将会成为活用 5G 的典型案例。大林组与 KDDI、大成建设与软银都在分别联手开展实证试验及解决方案的制定，各公司都力争在 5G 商用服务开始的 2020 年将上述试验真正推广到施工现场。

((ᵖ)) 东芝推进的预防型服务

2019年4月,东芝和KDDI发布了在IoT领域展开合作的消息,同时提出了5G的活用。两家公司开展合作的意图在于,通过活用工厂运营及基础设施设备的操作得到的现场数据来强化AI,构建使各家工厂及各台设备达到最佳化的模式。然后,将该模式采用的各种数据利用边缘计算进行处理,实现数据处理的高效化和低时延化。该公司将东芝对电梯的维修保养服务,作为对设备进行实时监测的具体事例,其采取的具体做法是,在其生产的电梯里装入传感器,监测故障的前兆,把维修保养由"事后应对型"转换为"事前预防型"。

东芝电梯最初采取的商业模式是先销售装置,此后在每当出现故障时提供维修,但是通过提供预防型服务,目的在于实现在产品销售出去以后继续赚取收益的"循环型"商务模式。

从天空到陆地的监控，人工智能也被采用
——进化的公共安全

((ıı)) 在东京马拉松采用了新技术的西科姆

5G 也将为公共安全也就是安保和防范带来革新。

就像机场安全检查那样，采用通过门闸及使用金属探测器这种严密手段的场景在日本并不多见。在日本，无论是公共空间还是商业设施，通常都是采用摄像机进行安保。如何利用 5G 对摄像机成为安保更加有效的手段革新，成为公共安全产业数字转换的关键。

在此介绍一下 SECOM（西科姆）的做法。SECOM 从 2015 年开始为东京马拉松提供安全保障，但是东京马拉松数目庞大的选手高密度出现，而且安保区域是广域的普通道路。这是确保安全难度极高的大型活动，同时还会产生极高的广告效果，该公司将其作为企业形象展，在一年一度的东京马拉松期间积极采用新技术。

SECOM 在其初次参与这一大赛安保工作的 2015 年，利用临时设置的大量摄像机开展了远程监控。2016 年，增加了多部由安保人员携带的可佩戴摄像机。在增设临时摄像机并强化电源管理的同时，还采用了从空中监控的 "SECOM 飞船"，以及监测是否有被禁止的无人机飞行的系统，还采用了利用号码牌及活体识别的识别系统等多种新的解决方案。

2017 年，SECOM 在会场场馆位置指南处设置了海报摄像机、在运送弃权选手用的大巴车里设置了车载摄像机等，增设了多部临时摄像机，还采用了在中等高度开展巡逻的 SECOM 气球；将号码牌识别改成了利用嵌入安全码（security code）的腕套（wristband）来进行识别，对以往那种没有专用通道就无法读取的问题做了改进；设置了综合监控中心，对所有摄像机拍摄到的影像进行集中管理。

2018 年，SECOM 在大会总部设置了监控，还设置了利用汽车巡视的移动式监控中心，采用 AI 对混杂地段及对行进路线的侵入进行监测等，推出了许多革新性手段。

2019 年，大会通过利用 AI 对巡回的安保人员佩戴的摄像机画像进行解析，监测可疑的放置物品，对从固定摄像机传来的影像进行选手号码牌的编号识别。

SECOM 就这样在增加设置摄像机的场所的同时，通过活用 AI 对摄像机的影像数据进行解析，对危险人物及物品进行监测。如果能够在 5G 的情况下采用高精密摄像机的话，为了提高利用 AI 所解析的影像数据自身的品质，也将有助于提高整个安保的品质。

活用无人机构建立体安全网

SECOM 与 KDDI 于 2017 年 2 月发布共同推进活用 5G 构建安全系统的实证试验。活用 5G 受到特别期待的是利用无人机的安保。如果将高精密摄像机设置在无人机上，即使从很高的高度也可得到高精密影像。

这种利用无人机、飞船、气球、直升机、普通飞机以及人工卫星活用不同高度的空间信息的做法，SECOM 将其命名为立体安全，并将其采用到安保计划中。实现立体安全的无人机等终端作为移动的摄像机，在地上设置的摄像机就变得没有必要，所以可以实现灵活的安保。同时，伴随着摄像机性能的提升及操控的自动化，对通信也提出了更高的要求，所以，5G 活用备受期待。

2018 年 12 月，在埼玉体育馆 2002（建于埼玉体育馆 2002 公园内的足球比赛专用竞技场馆）利用 4G 通信的无人机自动巡回及拍摄影像实时传送、再利用 AI 进行解析，对可疑人（物）进行了监测。

这台无人机能够将飞行区域的三维地图信息、天气风力（风向）信息、上空电波信息传送到运行管理系统进行管理，对无人机能否巡回进行事前远程判断。

无人机在巡回路线运行，将其摄像机所拍摄到的非常小的人影举动利用 AI 判断是否可疑。如果被认为是可疑人物，就将其位置信息传送给管制系统，同时对可疑人物的位置进行追踪，这些都依靠 4G 实现了自动化。管制系统能够做出是否应该让警备人员奔向可疑人员的集中判断。

该公司以前就对安保无人机进行开发用于店铺等的安保，但是数据的传送要依靠无线 LAN，所以在利用无人机时需要构建无线 LAN 环境，并且对于像体育场馆那样的广域安保，构建无线 LAN 环境有其局限，必须依靠 4G 来解决。

如果活用 5G 的话，就可以实时传送高精密度的影像，也可以设计更加广域的巡回路线。依靠低时延的操控能够避免冲突，能够开展多架无人机的协调作业。活用 5G 处理高精密画像，既提高了对更远处的可疑人的识别精度，也可以提高无人机配备的效率。

实际上，在完成这样的解决方案时，不只是在通信方面，在无人机方面也存在需要解决的课题。比如，在无人机上要装载高精密摄像机、各种传感器、制作上空的动态地图的器材等，载重量过大，所以必须事先考虑无人机是否能够承载。随着通信和无人机双方面的进化，5G 活用在安保方面的可能性将不断扩大。

(((•))) 自动销售场馆内商品的乐天移动

乐天移动也于 2019 年进入通信事业领域，面向 2020 年开展 5G 服务推进各种举措，并在探讨体育场馆内的无人机活用计划。

2018 年 11 月，在位于日本宫城县乐天生命公园的棒球场构建了 5G 环境，用 5G 将无人机拍摄的影像传送给管理中心，确认其能够对人物进行锁定。

这一实证试验还包括开动体育馆内的机器人，由机器人把商品送给购物者这一内容。

如果把上述技术要素组合起来，通过构建 5G 环境，用无人机检查并识别体育馆内的购物者，对其坐在哪个座位上进行锁定，然后用自动配送机器人将商品送到购物者手中，这一连串的商品销售都能实现自动化。

虽然乐天移动的实证试验目的在于销售商品，如果能够依靠无人机对来场观众进行识别，就有可能活用在安保方面。

(((ρ))) 综合安保公司的移动摄像机

地面上的安保也在高级化。日本的一家大型安保公司——ALSOK（综合安保公司）与 NTT DoCoMo 和 NEC（日本电气公司）联手推进 5G 在安保服务方面的活用，在 2017 年 5 月的 5G 东京湾峰会（5G Tokyo Bay Summit 2017）期间，开展了用 5G 把拍摄群众的 4K 摄像机与安保人员值班的监控中心连接、常态化进行大量来场群众的脸识别及群众行动解析的试验。在有危及安全的事态发生时，或监测到有被列入黑名单的人来场时，它就会及时向安保人员的手机发出通知，以便安保人员迅速赶到现场。

2019 年 1 月，该公司开展了把设置在车辆上的 4 部摄像机的影像合成、通过 5G 对车辆周围的影像进行实时监控的实证试验。从被传送的影像中，能够判别在距离车辆约 35 米远的位置行走的周围车辆的车种、步行者的服装及姿势。如果让这种安保车辆巡回，就能够发现危险车辆及可疑人员、走失的小孩、身体不适的人等，并做出迅速应对。

该公司长年致力于自主行走型安保机器人的研究开发，这种安保机器人也可以被称为装载了传感器、摄像机、恒温摄像机等的移动摄像机。其最新机种的安保机器人 REBORG-Z，强化了防水防尘功能，能够在户外自动巡回监控。如果是 5G 的话，就能够稳定传送在户外环境下取得的数据和影像。

(((ᵖ))) 利用 AI 监控扒窃等可疑行动

高级摄像机将影像传送给 AI。正像刚才所举的 SECOM 和 ALSOK 监控可疑人员的例子，大型安保公司将摄像机的强化和 AI 的活用当作车之两轮积极推进。

不只是大型公司，AI 创投（start up）也在关注安保产业。正如 Earth Eyes（日本的一家科技公司）推出的 AI 守护者（AI Guardman）、Vaak（同为日本的一家科技公司）推出的 VAAK EYE 那样，开发出了不仅能够对照黑名单监控可疑人员，还可以监控可疑行为的 AI。

将这些在特定空间拍摄的人的行动形成的大量影像数据交由计算机算法学习，制作可疑行为的模型，按照这个模型从人们的姿势、动作、表情及走法等行动中监测出被认为可疑的举动，然后对这些举动做出怪异程度的评分，从而对可疑行动做出预测。

如果能够预测扒窃行为将发生的话，安保公司就能够把安保力量集中在可疑行动将要发生的时点，因此能够做到防患于未然，或者能够回避危机的发生。VAAK EYE 可以对步伐的幅度及关节的动态等 100 多个要点进行分析，监测可疑行动及危险行动。

2018 年 12 月，在零售店利用 VAAK EYE 的实证试验，从影像中检测出扒窃犯的决定性的犯罪行为，将其信息提供给警察，直至将犯人逮捕。AI 不仅检测出某顾客把东西放在另一处，蹲坐在那里，心神不定四下张望等这些明确的可疑动作，甚至能检测出连旁边的顾客都有可能不会发觉的扒窃行动。可见，AI 的活用已经取得很大进展。

这些解决方案从现状来看虽然是为防止零售店的扒窃现象为目的提供的，但是，关于可疑行动的影像数据如果积累充足的话，就可以把各种可疑行动模型化。如果能够将直至可疑行动之前的动作评分的话，有可能以预测为基础采取预防性的对策。

(｡) 管理整座城市的安全

最后，作为将各种解决方案综合在一起开展社会实践的事例，介绍一下 NTT 集团在美国拉斯维加斯采取的举措。

NTT 集团与美国的拉斯维加斯市开展合作，进行了将上文所列举的摄像机、传感器、AI 等技术要素综合在一起管理整座城市的公共安全解决方案的实证试验。

这是在人口密度大的市区及举办大型活动的会场采取的前瞻型应对和早期发现型应对解决方案。

所谓前瞻型应对，是指通过汇总从埋入城市里的传感器发出的信息，由 NTT 集团的 AI 技术基础 corevo 进行解析，对群众的混杂情况、车辆的逆行情况、高发性事件的发生等进行预测，将其结果报告给市政府。

所谓早期发现型应对，是指将监测特定区域的传感器发出的信息汇总到设置在该区域的微型数据中心，通过边缘计算监测事件及事故的发生并及时报告给市政府。

通过这些解决方案，对市政府来说，有助于其在预防平时发生事件及有事时的及时应对，从而保证公共安全。

NTT 集团确定的目标是，到 2023 年，上述这种面向地方公共团体的解决方案被海外 100 座城市采纳，累计收入达到 10 亿美元。

从交通工具到移动服务
——公共交通产业的革新

((ı)) 在高速移动的铁路车辆中也可通信

下面介绍 5G 给公共交通产业带来的革新。

首先，在电车及公交车的高速移动中也能够进行 5G 通信，基本的通信环境得到强化。通信的强化也有助于公共交通运行管理效率的提高。

2017 年 10 月，KDDI 和 JR 东日本开展了世界首次在试验车辆中的 5G 试验，成功进行了毫米频谱的切换。

2019 年 4 月，NTT DoCoMo 和 JR 西日本发布了在铁路环境下能否提供 5G 服务的试验结果。在 JR 京都线区域以间隔 200 米设置 4 座基站，并且在特快列车的回送车辆上也设置了 5G 移动基站，围绕在时速超过 120 千米的高速移动中能否通信开展了试验。得到的结果是即使在铁路特有的电波传动环境下，依靠高速摄像机也可实现高帧率（Frame rate）影像的实时传送。

当然，围绕在高速行驶的列车上能否应用 5G 也展开了讨论。

依靠对交通信息的实时分析来实现公共交通的最佳化，这既是面向智慧城市建设的应用，也是在高速道路等环境下实时开展高解像度监控那种安保领域的应用，还是依靠活用 AR 确保安全运行的应用，这些应用都备受人们期待。

关于智慧城市、安保及支持安全运行这些应用，前文已经都介绍了，本节围绕在公共交通领域备受关注的 MaaS(出行即服务)，从如何依靠 5G 实现 MaaS 这一角度予以阐述。

(((•))) 受到广泛关注的 MaaS

所谓 MaaS，不是指乘坐轿车、公交车、电车这些移动手段，而是将着眼点放在"从现在所在地点到达目的地的移动"这一目的上，提供将多种移动手段组合起来的移动服务这种思考方式。

近年来，共享汽车、共享自行车等新的交通服务也出现了，移动手段正在多样化。但另一方面，也有喜欢开车的人、喜欢乘坐电车的人、因上了年纪等难以再开车的人，因这些具体情况，用户的属性也在多样化。

而且，既有急于尽快到达目的地的上班人员，也有即使是绕道移动也乐在其中的游客，用户的需求也多种多样。

把上述多样化的交通服务与用户的需求实现最佳对接，就是 MaaS 的做法。

为了满足用户的多种需求，仍有必要维持多种交通服务，当然也就需要与之对应的司机。公交车及卡车的司机短缺、驾驶私家车的老年人的事故频发等，都正在成为社会问题，人们对自动驾驶技术的期望不断增大。

虽然在第 2 章已经讲到了自动驾驶，在此对其定义复习一下。

(·) 自动驾驶的 6 个等级

美国机动车工程师学会（Society of Automotive Engineers，SAE）将自动驾驶分为从级别 0 到级别 5 的 6 个阶段。正式的定义从直观上难以理解，在此对其进行意译如下：

"级别 0" 是完全由人驾驶。也就是说以不具有自动驾驶及辅助驾驶功能的汽车为对象。

"级别 1" 是依靠油门 / 刹车的加速减速、依靠方向盘的方向转变，把其中一个方面的操作交给汽车完成。现在销售的汽车大都已具有自动刹车及车道偏离辅助系统（Lane Assist）这些功能。级别 1 的自动驾驶已经实现了。

"级别 2" 是由汽车承担油门 / 刹车操控和方向盘操控同时进行的功能。虽说这样，基本上还是由人驾驶，在拥堵的高速公路等特定的场景可以活用自动驾驶功能，驾驶的主体是人。现在各汽车厂家竞相开发安全驾驶辅助系统。级别 2 的自动驾驶功能是展开激烈竞争的主战场。

从 "级别 3" 开始，汽车成为驾驶的主体。原则上所有的驾驶都由自动驾驶进行，只是在必要的功能无法充分发挥等特殊情况下，人作为汽车的备用介入驾驶。

"级别 4"是在限定的区域即使出现紧急情况时也无须人介入的自动驾驶。在该区域内即使没有司机，汽车也可自己行驶。

"级别 5"是区域不再被限定，无论何处都可以实现自动驾驶的完全自动驾驶。

"级别 4"和"级别 5"的定义区别在于区域是否被限定。在第 2 章已讲到实现"级别 5"的完全自动驾驶要在 2030 年以后，但是，"级别 4"的在限定区域的自动驾驶估计从 21 世纪 20 年代就能够实现。

与普通的私家车相比，公共交通工具及商用车辆适于在限定的区域行驶，所以，"级别 4"的自动驾驶首先会从这类车辆开始实现，其后再推广到私家车。

(( )) 以移动公司为目标的丰田

把话题再回到 MaaS 上。作为在日本国内的先进事例，从 2018 年 11 月开始，西日本铁路（西铁）和丰田汽车在福冈市开始提供被称为"我的路线"（My route）的服务。

My route 这一手机应用软件，提供把公交车、铁路、地铁这些公共交通工具，与出租车、租赁汽车等商用车辆 、共享周期（cycle sharing）自行车及私家车等这些各种各样的移动手段汇总检索的多式联运路线检索，在将到达目的地的移动手段最佳化的同时，还能够检索沿途及目的地的店铺及正在开展的大型活动等信息。

而且，直至到达目的地以前所乘坐的所有移动工具的预约及付款都可以一次性在该应用软件上完成。

作为该应用软件的具体内容，多式联运路线检索包括西铁的路线公交车的实时位置信息、与停车场预约服务 akippa 联手提供的停车场的车位信息、与共享周期服务 merutyari 联手提供的共享自行车的信息等；预约 / 付款与出租车配车应用软件 JapanTaxi 联手，目的地的信息与"出发吧"、阿苏视野 (asoview) 、周边游 (NEARLY)、NASSE 福冈等出行信息网站 / 应用软件的联手，还包括福冈市的官方城市观光指南等信息。

西铁公交车的随意乘坐服务也被打包提供。这一做法的目的不仅在于提高到达目的地的移动手段的效率，还会让人们产生"积极出行、享受移动"这样的概念。当初计划 My route 这一试验性的服务举措截至 2019 年 3 月底，由于深受好评，延长到同年 8 月底。

这一实证试验由丰田汽车策划并发挥主导作用。被称为世界最初的 MaaS——芬兰开展的 Whim 服务等，以公共交通工具及各种共享服务为对象，将到达目的地的移动手段最佳化的服务已经在世界许多国家出现，但是，My route 还提供停车场可以利用的车位信息，包括促进私家车的利用这一目的，这是 My route 所具有的与众不同之处。

MaaS 是让交通服务达到最佳化，让即使没有私家车的人不会出现出行不便的一种服务。也就是说，丰田汽车对于有可能给汽车销售带来不利影响的 MaaS 的迅猛扩展，以将私家车包括在内的 MaaS 这一更加包容性的做法来开拓自己的销售市场。

丰田汽车的丰田章男总裁在发表 2018 年度的决算时，做出如下宣言：“我已做出决断，实现将丰田汽车由‘生产汽车的公司’变成‘移动公司’的转型。所谓‘移动公司’是指提供与全世界的人‘移动’有关的所有服务的公司。”

My route 即使作为从实物到服务的商务模式转换的挑战，也可以说是极具意义的举措。

(( )) 汽车成为移动的房间 / 空间

整理一下话题。人们对于公共交通产业的思考方式，已经从是乘坐公交车、坐电车还是乘坐出租车，转变为从哪里到哪里、那个时候最佳的移动手段是什么。可以预见，MaaS 这一服务将会不断拓展。

并且，要想实现 MaaS，至少具备两个方面的技术：一是为了获取大量交通数据和人们的移动需求数据并对接的觉察及解析技术；二是为了应对公共交通工具驾驶员短缺的自动驾驶技术。对此，人们对 5G 抱有很大期望。

软银与丰田汽车的合办公司 MONET 科技（下文简称 MONET）在其刚设立时决定开展如下 3 个方面的事业：

1. 按订单提供服务（on demand）；

2. 数据解析服务；

3. autono-MaaS 事业。所谓 autono-MaaS，是将表示自动驾驶的 autonomous vehicle 与 MaaS 融合在一起。这是丰田汽车自己创造的词汇，表示依靠自动驾驶的移动服务。

MONET 于 2019 年 2 月在丰田市开始提供根据乘客预约情况，

将运行路线最佳化的"按单服务公交车"。事业已经开始起步，但是 5G 时代不仅增加运行路线最佳化的精度，还应开展将按单公交车本身变成自动驾驶车的革新。

2019 年 3 月，MONET 举办了发布今后事业战略的活动 MONET 峰会，宣告 2023 年要采用 e-Palette。

所谓 e-Palette，是在 2018 年 1 月举办的 CES2018 期间丰田汽车发布的移动服务的概念，意思是自动驾驶的商用车辆。因为已经没有驾驶的必要，将车里的布局变成店铺或者办公室，能够根据目的不同自由改变，与其说是汽车，不如说是移动的房间 / 空间。

MONET 组成了 MONET 联盟，在 2019 年 3 月底时，已经有包括零售、餐饮、金融、医疗等 88 家来自各个领域的运营商参与进来，预计将会在 e-Palette 上提供各种各样的服务。

5G 虽然说也是实现自动驾驶必须具备的条件，但是如果依靠 e-Palette 汽车超越移动的概念，成为移动的生活空间 / 商务空间，那么在第 3 章和本章所列举的用途也将要求在这样的车中开展。这就对通信也将提出更高的要求，没有 5G 就不可能实现。

((1)) 必须与其他公司协作

在 MONET 峰会期间的展览会上，软银还介绍了利用 5G 的 V2X 的实证结果。所谓 V2X，是指汽车（ Vehicle ）向其他汽车、道路、步行者等发出的通信。

软银 V2X 试验的具体内容如下：5G 环境下汽车经由基站的通信、搭载了 5G 设备的汽车与汽车之间的直接通信，在保持车距的同时，后续的车辆追踪前头的车辆，实现了列队行驶。列队行驶是排在最前头的汽车需要由人驾驶，但后续的所有车辆只要跟着前头的车行驶即可，不需要驾驶。

虽然前文讲到了完全自动驾驶的实现要在 2030 年以后，但是，自动驾驶将会像上述这样先从公交车、卡车这些公共交通车辆 / 商用车辆的列队行驶开始，逐渐地向社会上的其他车辆拓展。

要想实现依靠车与车之间通信的自动驾驶，必须各自的车辆都能自动驾驶。也就是说，只靠丰田汽车的车进化无法进入自动驾驶社会。

2019 年 3 月，MONET 与日野汽车及本田签署了资本 / 业务合作协议，日野汽车和本田也向 MONET 注资。以 MONET 为轴心，服务提供商与汽车厂商联手推进 MaaS 的实现。

关键词是B2B2X——通信行业本身也发生巨变

(((ꜛ))) 5G 时代是竞争中心地位的时代

上文介绍了 5G 给各种各样的产业带来的革新。实际上，由 5G 所引发的各产业的革新也给通信业自身带来了变化。

通信运营商以往的商务采取的是被称为 B2X 的模式。比如，B2C（Business to Consumer，面向消费者提供的服务）、B2B（Business to business，面向法人提供的服务），也就是为消费者及公司法人提供通信服务，作为其酬金获取通信费的商务模式。

5G 时代正像此前所介绍的那样，通信运营商提供 5G 环境，开展诸如电力公司查表自动化、厂家自律协调工厂的产业机器人、安保公司利用 AI 将可疑人员的识别变得高级化、汽车公司推进 MaaS 事业等的革新。

在上述革新中，通信运营商可以通过构建 B2B2X 模式推进各产业的数字转换。

B2B2X 如图 5 所示，通信运营商在其所构建的 5G 环境中，将某项具有附加价值的服务 α 提供给其他产业的公司即所谓的中心运营商，中心运营商向最终用户（end user）提供该公司此前无法做到的新服务。

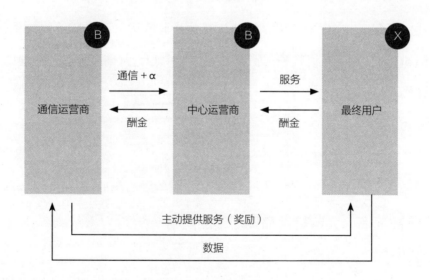

图 5　B2B2X 模式

通信运营商拥有与大量最终用户的接点，让中心运营商和最终用户实现对接，或者将有关最终用户的信息及知识提供给中心运营商。

举例来看，将 MaaS 运营商放在中心运营商的位置，即 MaaS 运营商就成为中心运营商，通信运营商就能够为 MaaS 运营商提供目的在于实现自动驾驶的 5G 服务，再加上从最终用户的属性、目前所在地、爱好等多种信息解析出来的与移动有关的显在、潜在需求，MaaS 运营商将这些活用，就能够提供符合利用者需求的最佳化的移动服务。

5G 时代的商务将以这种 B2B2X 型为基本模式。第 1 章讲述了通信运营商以 5G 为契机，加速与其他产业的运营商结成伙伴关系，但 5G 时代也可以说是通信运营商为争夺中心运营商展开激烈竞争的时代。

🛜 高速率、大容量且高灵活性的网络

再深入一点来说，在 B2B2X 这一商务模式框架下，通信运营

商为中心运营商提供"高速率、大容量且高灵活性的网络"和"对
最终用户的深层理解"。

我们来看"高速率、大容量且高灵活性的网络"将给中心运营商
带来多么大的好处。为了做好准备工作，在此关于云计算做一说明。

众所周知，现在各种各样的服务都得到了云计算带来的好处，
但让云计算成为可能的是将大量的计算资源假想化（不依靠物理的
硬件结构，而是开展理论逻辑上的综合管理），提高利用的灵活性。

云计算实现了"只对使用了的那一部分收费"这一商务模式，
当初是期望能够削减所保有的计算资源的成本，但实际上不只是做
到了这一点，还促成了"只使用必要资源的必要的那一部分，在商
务取得不断发展的同时资源规模也不断扩大"这样一种商务开发方
式的革新。

利用高速率、大容量且高灵活性的 5G，计算资源被云处理，能
够筹集利用必要的网络资源中必要的那一部分。

在说明 Celluar LPWA 时讲到了软银 NB-IoT 的收费方案设计，
但在 5G 时代，从受到限制的低价格通信到高品质、高价格的通信，
多种通信得以切片共存，能够根据各自的目的灵活利用，成本得以
最佳化，商务开发的速度将不断加快。

此前所列举的 5G 应用，都是以实证试验的形式推进的。这是将开发出来的解决方案在实际战场试行运用，从已经通过运用的课题中再抽出一部分解决，经过反复进行，最后实现商用化的做法。

上述做法也被称为 PoC（Proof of Concept，概念实证），但是，采取这样的做法，从最初并不开展大规模的开发投资，而是从小规模投资开始，抽出课题和解决课题反复进行，就有可能培育出大事业。

第 1 章讲述了面向 5G 时代，企业及社会挖掘潜在需求开发用途进行数字转换的必要性，但是实际上通过市场调查及举办潜在利用者的听证会来把握潜在需求是很困难的，如果不通过开发解决方案并在实际战场试验看看效果的话，就不能把潜在需求挖掘出来。

虽说如此，对于开发需求尚未挖掘出来的解决方案，从最初开始就开展大规模投资从现实来看也是很困难的。为了避免出现难以向前推进的情况，通过实证试验及 PoC，从小规模投资开始才是行之有效的。

5G 与云计算一起，将成为加速如上所述的商务开发的基础设施。

对最终用户的深层理解

所谓对最终用户的深层理解，是指通过分析与最终用户有关的信息得到更深层次的见解。

通信运营商已经拥有为数庞大的最终用户基础，通过通信事业及其周边事业，拥有用户的各种各样的信息，比如，某一区域的人们的性别、年龄、职业等属性信息，现在处于什么地方、在什么样的生活圈生活等位置信息，买了什么商品的购买信息，喜欢哪种类型的内容的爱好信息等，从而对最终用户的理解不断加深。

能够将所拥有的上述信息向中心运营商提供到多大程度，因统计处理的难度，以及是否已经得到最终用户的同意而有所不同。但是，不论怎么说，通信运营商与其他产业的中心运营商相比，掌握着更多的与最终用户有关的各种信息，这一点是毋庸置疑的。接近这一庞大的最终用户基础也是可能的，对中心运营商来说，通信运营商在理解客户争取客户方面有着不可或缺的价值。

5G 将通信运营商的商务模式由 B2X 转为 B2B2X。通过提供高速率、大容量且高灵活性的网络，通信运营商在促进中心运营商的事业发展方面能够发挥重大作用。换句话说，通信运营商成为中心运营商的商务孵化器。

而且，通过促进对最终用户的深层次理解，通信运营商还可以成为中心运营商的营销平台。

期望 5G 时代的通信业超越通信，为其他产业的数字转换做出更大的贡献。

第 4 章

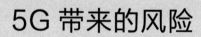

5G 带来的风险

过高的期望变成失望的危险

((၇)) 最初并不能覆盖所有的区域

5G 在日本于 2019 年提供前期服务，预计从 2020 年春开始提供商用化服务，但是在初始阶段并不是所有的场所都能利用到 5G 服务。

虽然日本的通信运营商在向日本总务省提出的 5G 使用计划中，预定 2020 年度末（2021 年 3 月底），所有的都道府县都要处于开始利用 5G 服务的状态。但是，由于人口覆盖率和区域覆盖率是逐渐推进的，要想达到所有国民在所有场所都能够利用 5G 服务的目标还需要时间。

在覆盖了 5G 服务的区域，在毫米波工作频段的区域构建 5G 环境还存在技术方面的挑战。即便在最早提供商用服务的美国及韩国，也会出现 5G 用户难以收到 5G 电波或虽然收到但没有达到期望的网速的情况。

(ʬ) 期望变成失望的危险

在第 1 章已经讲到，如果网速已经足够快，那么怎样才能感受到 5G 带来的好处。这也可能成为一个问题。

即使是以重放形式提供的视频上传服务，如果手机屏幕尺寸够大的话，4G 的网速已经可以带来足够舒适的享受。但如今，已出现的折叠屏手机屏幕越来越大，XR 需要普及，同时现在的通信环境难以带来的舒适的 UX（user experience，客户体验）等新的服务需求不断出现。如果只是手机上表示电波的标识由 4G 变成了 5G，客户是难以切身感受到 5G 带来的好处的。

从美国和韩国的例子来看，在开始提供 5G 手机的服务时，正如人们预想的那样，超大容量套餐、随意利用套餐、服务打包套餐等各种新的收费套餐纷纷出现，让人们感受到了 5G 与 4G 的区别。但这只是收费套餐的变化，并非 5G 技术革新的区别。

与 5G 时代相符的新服务、新内容、新终端的出现是比什么都重要的。

用于产业的 5G 必须满足高可靠、低时延及大规模同时连接等技术要求，享受到只有 5G 才能带来的好处。不过，5G 在开始时是以 NSA 的形式提供，真正的满足高度技术条件要求的用途要等到以 SA 形式提供的服务。

如果消费者和产业界没有能够切身感受到当初所期望的 5G 所带来的变化，期望就会变成失望。那么，社会提供新服务和新终端的积极性就会大打折扣，人们得到 5G 好处的机会就会不断丧失。

虽然本书介绍了 5G 所带来的各种各样的革新，但是一定要理解服务刚开始提供时并不能得到 5G 所有的好处。既不要过度期望也不要过度失望，而是要考虑怎样将逐渐带来的变化充分活用到生活及商务中。

隐私信息面对的风险

((ρ)) 努力做到系统不残留个人信息

第 2 章介绍了识别及个性化。在所有场所中的个人都被自动识别或被常态识别，识别与各种行动牵扯在一起的状态，在提高了生活的便利性的同时，也提高了隐私风险。

在第 3 章所介绍的安保领域，讲到了摄像机的多样化和高级化的可能性。但是，5G 无论是技术方面还是应用方面，上坡的通信都被大大强化。不再是 4G 的以提供服务的运营商向使用者的终端传送内容的所谓的下坡通信为中心，而是包括从终端发出的信息积极传送给服务提供商的所谓上坡在内，双方向的通信都得以大大增强。

个人信息必然被服务提供商获取并汇总，所以，如何确保隐私不被泄露成为极其重要的课题。

在前文提到的 Amazon Go 的事例中，介绍了不是人脸识别而是利用多部摄像机实现的顾客识别。其目的在于不把顾客的脸相作为系统来保存，从而避免与个人隐私有关的风险。

在第 3 章讲到，将在活用 AI 的摄像机里拍摄的影像传送到边缘进行处理，削除能够锁定个人的信息，只将加工过的统计信息汇总到云。其目的仍然是避免因持有个人隐私而有可能出现的风险。

个人信息保护法修改的重点

隐私是人的基本权利，受到法律的保障。在此首先阐述为保护个人信息所做出的规制的变化趋势。

日本于 2005 年开始实施的个人信息保护法在 2015 年 5 月被

修改，自 2017 年 5 月，修改后的个人信息保护法（下文简称"修改法"）开始实施。

修改法的重点在于对哪些信息属于个人信息给出具体的定义，以便对个人信息做出更加明确的甄别处理。反过来，关于不特定某个人的经过加工的信息则能够灵活利用也是重点之一。

在获取个人信息时，必须事先对本人明确告知利用目的，在将个人信息提供给其他企业等第三方时必须征得本人同意。

将没经过本人同意就进行处理的特例，称为没有获得客户事先同意而发出的信息（opt-out）。这是作为事先取得本人明确同意的代替，将关于事先把个人信息提供给第三方这一情况做出通知、公布，以准备好在本人提出要求时停止利用的手续为条件，才能够将个人信息提供给第三方的制度安排。

采用这一特例时，必须向个人信息保护委员会提交报告。并且，不能以这一特例提供的个人信息也被明确规定，对个人信息的处理做出严格规定，目的在于实现确保隐私的社会。

《通用数据保护条例》给非欧盟国家也带来了影响

对处理个人信息做出严格规定是世界潮流。特别是 EU（欧盟）在历史上保护个人隐私的意识就非常强，从 2018 年 5 月开始适用 GDPR（General Data Protection Regulation，《通用数据保护条例》）。在对自 1995 年开始实施的《欧盟数据保护指令》予以强化的同时，成为 EU 加盟国的共同规则。

GDPR 在管理个人信息的权利在于其本人这一基本思想的基础上，对个人信息做出定义，规定了处理、转移这些信息必须具备的条件。

原则上禁止个人信息转移到第三国。在发生违反这一规定的情况时该企业将被处以巨额罚款，最严格的是 "2000 万欧元，或者上一年度全世界销售额的 4%，二者之中选最大的金额"，以此达到让欧盟国家的企业彻底遵守的目的。

商务无国界，所以容易出现过度追求汇总并滥用个人信息的现象。但是，对于超越本人管理权限的过度的个人信息集中，要科以一定的惩罚。

EU 之外的国家也做出了明确规定，有妥善保护措施的国家才能转移个人信息。可见，与 EU 同样强化个人信息保护的趋势正在加强。

(((ᵗ))) 提供个人数据的好处

在个人信息基础上，还包括虽然不能特定到个人但又与个人牵扯在一起的数据，被称为个人数据。

如上所述，虽然保护个人信息的规章被不断强化，但在另一方面还存在这样一个现实，即在商务世界对个人数据的利用正在不断取得进展。重要的是，各种规章对个人信息的处理做出越来越严格的规定，但也未必能够防止隐私被侵犯。

看一下日本人对于隐私的认识。2010 年 8 月，独立行政法人信息处理推进机构（IPA）公布了《对于电子身份证安全和隐私风险认知和接受的调查报告》。该调查结果也包括了对互联网的信任、消费者关于个人信息保护的认识等内容。

其中，对"互联网十分安全，将个人的详细信息即使在线告知也是可以接受的"这一设问，答案共分 7 个阶段,回答前两个阶段"完全是那样""是那样"的占 3%；对"在日本（国内）个人信息得到了很好的保护"这一设问，给出前两个阶段的回答的占 4%；对于"我的个人信息在我不知情的情况下被利用"这一设问，回答"非常担心""有点儿担心"的占 65%。可以说，在 2010 年这一时点，日本人对于互联网对个人信息的处理有种不信任感，这也是对互联网可能使隐私受到侵犯所产生的不安。

这种意识在今天发生了一点儿变化。其理由之一就是由于修改法的实施对个人信息的处理严格了；还有一个重要理由是产生了将个人数据交给服务提供商的主动性。

野村综合研究所于 2017 年末实施的"关于信息银行的意识调查"，得出了如下结果：作为将个人数据提供给运营商的补偿，提示给予现金和积分这些直接的好处比较容易接受。并且，从调查结果也可以看出，与不想将有关资产的信息、在 SNS（Social Networking Service，社交网络服务）上的留言、位置信息等个人数据提供给运营商相反，人们对于将购物经历、体重 / 每天走路的步数这些健康信息的提供抵触感很小。

可见，对于服务提供商使用个人数据的理解在加深，可以说已经进入将确保消费者隐私与提供个人数据得到的补偿放在天平上做出适宜判断的时代。

(ɔ) 信息银行的登场

　　EU 的 GDPR 的基本思想也是管理个人信息的权限在于其个人。日本人对于个人数据处理的思考方式也从抱有莫名担心的状态，出现了对于数据的种类及提供对象、得到的回报等进行思考并得出判断这一转变的兆头。

　　在这一趋势的延长线上，信息银行被人们讨论。所谓信息银行，是指目的在于将个人数据在本人参与的基础上能够得到适当活用的制度安排。并非在本人还没有意识到的情况下取得的个人数据，将其用来传送消息及发布广告；或者将利用的服务个性化，将个人数据交由被称为信息银行的第三方管理。本人将自己的个人数据主动存入信息银行，通过适当保护，在确保隐私的同时促进个人数据的有效使用。信息银行正是基于这样一种思考而出现的。

　　在海外，储存了个人数据的运营商，在做匿名化处理之后将数据提供给企业并得到回报，将回报的一部分作为报酬还给个人数据的提供者这一商务已经开始运作。正像把钱存入银行，银行加上利率之后贷款给企业，其中的一部分作为利息返还给存款者同样的机制，所以被称为信息银行。

在日本国内也有多家运营商进入信息银行领域。电通集团的"我的数据信息"（My data intelligence）于 2018 年 11 月设立了 MEY 这一信息银行，并于 2019 年 7 月开始提供服务。2019 年 4 月，这一信息银行服务开始公开征募 1 万人的普通用户。

客户将性别、年龄这些属性信息加上互联网上的行动履历、问卷调查结果在 MEY 上注册，MEY 对于"MEY 补贴"这一注册准备了奖金。客户只要注册个人数据，就可以得到电子货币或代金卡。

另一方面，企业通过使用个人数据，能够实施对客户有好处、有效的营销举措。

在 5G 时代，与以往相比，上坡通信也就是从终端收集客户信息的服务将不断增加，所以，并非各种各样的数据被随意收集，而应该是个人数据是否提供给服务运营商交由客户来做出判断的时代。

在确保自身隐私的基础之上，重要的个人数据是什么、对谁出于什么目的提供个人数据，每个人都必须加深理解并做出判断。

蔓延的评分

((ı)) 业务能够高度化、效率化

正像将高度个性化变为可能那样，如果能够收集到与个人有关的大量数据，服务提供商就能够活用这些信息，实现公司业务的高度化、效率化。

例如，对于那些频繁在互联网上或者检索与足球有关的信息或者进入与足球有关的网站的人，那么消息网站就快速上传足球比赛的战况，这样做就提高了用户便利性的个性化。另一方面，对于消息网站的运营商来说，也有助于其高效率地销售足球比赛的门票及

其他相关商品。

掌握某人与其他人相比更想购入足球门票的倾向，就能够在特定销售门票时找到优先的潜在顾客，从而提高互联网上的广告效果。

对于某种商品的潜在顾客，将其购入可能性打分就叫作评分（scoring）。这不仅限于商品，在某家店铺购物的可能性大小、对特定的广告反应程度大小等，对服务提供商来说都具有潜在的客户价值。例如，对于足球相关商品的销售商来说，评分标准是这样的：足球粉丝是满分 100 分，虽然爱好体育但对足球兴趣不大的人是 50 分，对体育完全不感兴趣的人是 0 分。如果能够做到个性化信息收集，也就能够评分。

在第 3 章的安保说明中，在对可疑行动的程度大小做出评估时也使用了"评分"这一词语。服务提供商对取得的大量个人数据进行评分，有助于实现公司业务的高度化、效率化。

(((・))) 即使审查难以通过的人也可获得按揭贷款

评分并非始于现在。在融资领域，为了迅速开展授信审查，要进行信用评分。

例如，在申请办理信用卡的场合，要根据申请者有无一定收入、有无资产和负债、此前的还款有无停滞、预估今后有无能够还款的稳定收入等计算信用评分。在此基础上，做出可否发给信用卡的判断。

信用卡及按揭贷款的申请，此前就像上述那样只根据与钱有关的行动计算信用评分，但是，还存在诸如申请者的健康状况、遭遇事故的风险大小、家庭成员情况、有无转职的想法等多种影响申请者将来还款能力的因素。

为了将上述各种个人数据进行评分，需要进行复杂的计算，依靠 AI 技术的革新使之变为可能。

2017 年 9 月，瑞穗（Mizuho）银行和软银开始提供基于 AI 评分的融资服务 J score。这是一种根据年龄、职业、住所，再加上经历的人生大事（life event）及性格诊断结果等，以多种信息为基础，以 1000 分为满分，根据评分决定最大按揭额度和利率的服务。

虽然只填报年龄及职业这些一般的简介（profile）信息也可以

获得评分并能够申请按揭贷款，但是，利用者将自己的信息填报得越详细得分就越高，也就是说，详细信息具有提分的功能。

因而，将经历的人生大事及性格诊断填报上去，即使得到败家子、收入不稳定等这些不利于返还贷款的评价，填报的信息越多原则上得分就会越高。

这样做虽然也是想调动人们对于个人数据填报的积极性，但根据得到的个人数据越多就越容易控制风险这一理由，也可以做出填报更多数据的利用者，实际上就有可能得到很高的信用评分这一考虑。

即使那些此前难以通过按揭贷款审查的人，只要填报了自己的个人数据，就可以得到较高的信用评分，从而能够得到按揭贷款。

财险 / 寿险行业已经采用

评分已经普遍应用在保险领域。正如人们所熟知的那样，汽车保险的保险费由非舰队（non fleet）等级制度所决定（在日本，如果 1 人拥有 10 辆以上汽车,就可以与保险公司签署舰队保险合同,拥有 9 辆以下的只能签署非舰队保险合同)。如果没有发生事故,保险公司没有赔付保险金,那么下一年就会被提升一个等级,可以说这是按照安全驾驶程度来评分的。

在第 2 章介绍 5G 给移动带来的革新时,提到了 UBI 型汽车保险。在日本,其起源是 2004 年 4 月 Aioi 财产保险(现为 Aioi Nissay 同和财产保险)开始提供的被称为 PAID(Pay As You Drive)的与行驶距离绑定的汽车保险。采取这一保险方式的原因在于行驶距离长的汽车就被评分为事故风险高。

2015 年 2 月,索尼财产保险开始提供被称为 PHYD(Pay How You Drive)的车险。这一保险是为签约方的汽车设置驾驶柜台(drive counter),将急踩油门、急踩刹车与平稳前进、平稳停车都被柜台记录,根据平稳驾驶程度评分,根据评分结果部分返还保险金的产品。

无论是 PAYD 型保险还是 PHYD 型保险,都是必须依靠通信才能取得汽车的信息,依靠不断进化的通信开展新的评分就会得到更加精细的风险测算结果。UBI 型保险就是这样进化而来的。

评分的浪潮已经向人寿保险涌来。2018 年 7 月,住友生命开始提供增进健康型保险 Vitality（活力；生命力）。

此前的寿险，都是以加入时的年龄及健康状况为基础来测算未来的疾病风险并确定保费由签约者持续支付的。与此相反，Vitality是收集有助于增进健康的每天的运动情况，据此对签约者的健康状况进行评分，根据所得评分每年改收保费的产品。

具体来说，Vitality 通过在线监测及健康检查、接受癌症检查及预防接种，根据身着可佩戴终端运动、每天超过目标步数的运动等情况加分，根据积分，对每位签约者的健康状况进行评分。

蚂蚁金服的芝麻信用

下面介绍一下评分的先进国家中国的情况。阿里巴巴集团的金融机构——蚂蚁金服（Ant Financial Services Group）自 2015 年 1月开始提供名为芝麻信用的评分服务。

它是根据如下 5 个方面，即职业及居住地等的身份信息，基于本人拥有的金融资产的支付能力，以往的信用（借款还款）经历，在购物、缴费、转账、理财等活动中表现出来的偏好及稳定性，SNS 朋友圈中的人际关系进行信用评分，分数 350 ～ 950，以每月 1 次的频度对评分进行更新。

芝麻信用的评分不只提高了蚂蚁金服本来所开展的融资审查业务的效率，还与多种服务联手为客户带来好处。例如，假如得到 600 分以上，在享受数码设备的租赁服务、汽车租赁 / 共享汽车等服务时无须缴纳保证金，或者是在享受不动产租赁服务时无须提供押金。假如得分更高的话，需要提供更高额度保证金的服务也无须缴纳保证金，还可容易拿到远赴新加坡、卢森堡、加拿大的签证。

如果向客户提供的联手服务不断扩大的话，芝麻信用的评分就会超过单纯作为融资审查判断材料这一意义，很可能作为表示客户真正信用能力的指标被识别和利用。

((ヶ)) 向所有商务蔓延

J score 以及数据绑定型保险的重点，在于自己的评分结果每天都在变动。

自己的评分不是由年龄、婚否、学历、工作经历这些静态的个人数据决定的，而是由每天的活动这一动态的个人数据使自己的评分出现或上或下的变动的。

虽然有许多客户对于提供自己的个人数据从心理上有些抵触，但是中国的芝麻信用客户已经将心思转移到如何才能提高自己的评分上来。

因为中日两国的社会环境不同，日本能否出现芝麻信用那样的评分服务难以得知。但是，为了提高营销及风险管理的精度，活用个人数据并进行评分已经是大势所趋。

通过互联网就可以得到各种个人数据，不但金融机构想要通过利用这些个人数据提高评分的精准度，金融机构之外的运营商也开始提供评分服务。

今后，将会成为依靠 5G 和 AI 获取个人数据的竞争日益激化、所有的商务都提供评分服务的社会。

将来在决定住房按揭贷款的额度及利率时，也许不但要看收入如何及在哪里工作，还要看申请者的健康状况及转职意向、工作到多少岁的意愿、家庭人员构成等所有的个人数据。

　　评分会提高社会效率，但是如果用单一的算法得出的评分结果给人们的生活带来过度影响的话，有可能陷入所有的人都采取同样的行动、进行同样的思考这样一种局面。

　　无论自觉与否，很多人将发生在自己身上的所有数据都理解为评分时的材料，并持续打磨自己每天的活动和想法。然而，评分结果只不过是运营商为了提高自己公司的服务效率而算出的数字而已，不能过分看重。拥有这一共同认识还是有必要的。

都市和地方、地区之间数字差距的加大

(ᵢ) 都市与地方的数字差距没有缩小

日本总务省每年实施"通信使用动向调查",目的在于调查各都道府县的网民占比情况。

从使用手机的网民占比情况来看,2012 年时点的结果如下:所有都道府县平均为 31.4%,最高的是神奈川县,为 38.5%,最低的是秋田县,为 21.8%;2017 年,所有都道府县平均为 59.7%,可见,5 年间利用手机的网民占比从全国来看有了较大提高。但是,占比最高的是东京都,为 68.5%,最低的是青森县,为 45.9%。差距没有缩小。虽然期望 5G 能为搞活地方做出贡献，但是都市与地方的数字差距是消除了还是扩大了，关乎能否促进地方产生新的通信需求。

(((•))) 地区之间也出现差距

第 1 章中介绍日本国内状况时，提到了 5G 的特定基站开设计划。总务省的频谱分摊指针在 4G 以前是以人口覆盖率作为评估指标的，所以，基站从大都市圈开始铺设。但 5G 的评估指标变成了区域覆盖率，那么就没有必要让大都市圈优先了。从中可以看出想要通过 5G 搞活地方的政策意图。

作为 5G 频谱被分摊的 sub-6 波段（3.7GHz 波段、4.5GHz 波段）和毫米波工作频段（28GHz），高出以往分摊给移动通信的所有电波，容易衰减不易折回。也就是说，在遇到建筑物等遮挡的情况时，难以到达远处。所以，要想在广大区域展开移动通信，必须设置为数众多的基站，而且天线的密集度也高，这给通信运营商带来巨大的设备投资负担。

另一方面，正如第 1 章所介绍的，开设计划所提出的截至 2024 年度末的 5 年间的 5G 设备投资额，NTT DoCoMo 约为 8000 亿日元，KDDI 约为 4700 亿日元，软银和乐天各自约为 2000 亿日元。

虽然看起来金额巨大，但实际上日本国内三大通信运营商的设备投资每年的规模都在 5000 亿至 6000 亿日元，可以说，这 4 家运营商是将容易膨大化的 5G 设备投资做出了效率性、抑制性的计划安排。如此一来，能否构建起与 5G 需求相适应的环境不得而知，对 5G 需求少的区域积极开展设备投资这种情况想必难以出现。

也就是说，5G 环境能否完善，还要看对 5G 的需求能否被挖掘出来。

大都市圈通信需求大，对通信运营商来说能够期望收回一定的投资，所以它们在此进行设备投资也比较积极，问题是地方。而评估指标非人口覆盖率而是区域覆盖率，所以，即使是地方也应构建 5G 环境。

积极活用 5G、通信需求增大的地区，通信运营商将开展更大的设备投资。在更加完善的 5G 环境中，产生新服务和新商务，这样就将形成良性循环。

考虑到 5G 基站的覆盖率，在与都道府县相比，规模更加狭小的市町（町相当于中国的镇）村，能否出现 5G 先进地区不得而知。反过来，在 5G 没能活用的地区，无疑也将难以吸引设备投资。

都市和地方的数字差距、积极活用 5G 地区和不积极活用地区的数字差距，必将造成该地区居民数字服务利用环境的差距和信息通信能力（IT Literacy）的差距。

在第 2 章的社会 5.0 部分，讲到通信运营商与地方公共团体积极结成伙伴关系。这不仅体现了通信运营商想要通过 5G 扩大商机的意愿，也起因于地方公共团体对于数字差距的问题意识。

地方公共团体不应坐等 5G 环境的构建，而是应该考虑如何活用 5G，并且吸引更多的 5G 投资，搞活利用 5G 环境创造出来的产业。

向5G过渡进展迟缓的风险

((ᵖ)) 所有人都不希望看到的景象

第 1 章中介绍，舒适地享受现在的通信服务 4G 就已经足够了，必须创造出新的内容及服务，以此来挖掘对 5G 的通信需求。

根据 MMD 研究所实施的"2018 年 11 月视频上传服务的利用和通信方式选择的调查"显示，在手机用户中，用手机视听视频的人占比为 70.6%，从年龄段来看，10 多岁的占 90.6%，20 多岁的占 79.5%，年龄越大视听视频的人占比越低，60 多岁的占比为 55.3%。

中老年使用手机视听视频的余地还很大，考虑到还会有功能手机的用户转为智能手机，对大容量内容通信的需求今后还会增大。

虽说如此，手机及平板电脑的通信收费不断下降，以 5G 为契机收费套餐的水准上调已不太可能。今后，虽说 B2C 的通信费收入仍将在通信运营商的总收入中占据较大比重，但可以预见也将缓慢递减。

为此，对通信运营商来说，难以指望仅靠 B2C 的通信费收入收回巨额的 5G 设备投资。正如第 3 章所列举的那样，B2B2X 模式对于通信运营商来说绝不仅仅是收益机会，也可以说是必须实现的获取收益的必要条件。

如果不积极开展 5G 设备投资，5G 环境就不可能完善，在那个环境下也不可能创造出新的服务和内容，那就会陷入不仅是对于通信运营商，对服务提供商和消费者都不希望看到的恶性循环。

美国和韩国之所以急于构建 5G 环境，是因为有在该环境上创造出新产业、将新产业的运营商集中到自己的国家这一意图。作为日本来说，不一定非要与海外各国争夺"世界最早的 5G"，但是，如果 5G 环境的构建迟迟得不到进展，那么就会存在被世界性的创新竞争淘汰的风险。

(ᵖ) 抱有很大期望的自动驾驶

要想实现 5G 环境的构建和 5G 服务创出的良性循环，必须尽快构建 B2B2X 的成功模式。

如今正是通信运营商和中心运营商致力于策划和实证试验的最忙且最关键的时刻，作为将会产生巨大通信需求的 5G 服务，自动驾驶应该成为举整个产业界之力讨论并积极推进的主题之一。

第 2 章介绍移动时讲到了实现自动驾驶还需要时间，但是如果坐等的话就根本无法实现。

5G 特定基站开设计划里的区域覆盖率的定义是，将全国以每个边长为 10 千米的四方形来划分，能够在多少个网眼设置基站。但是，自动驾驶所必需的 5G 环境，与其说是那样的面上的构建，不如说是要求沿着特定的高速公路，将能够在高速移动中自如切换的通信环境与边缘计算环境同时构建。

它与手机通信所要求的区域覆盖率的思考方法不同，所以，必须是自动驾驶的利益相关者，包括汽车公司及零部件厂家、高速公路运营商、通信运营商、地方公共团体、监管部门等一起协商，设计商务模式及网络架构。

各汽车公司、各通信运营商各自构建自己的 5G 环境是无效率的，由一家公司进行设备投资将导致其负担太重，所以，难以期望只靠特定的企业付出努力就能构建起自动驾驶所需的 5G 环境。

无论是对朝着开发自动驾驶技术迈进的汽车公司、想要创出手机之外通信需求的通信运营商，还是对想要安全且舒适的享用自动驾驶的汽车用户来说，自动驾驶所需的 5G 环境永远也构建不起来是谁都不希望看到的。

自动驾驶并非各家企业各自追求最佳化，而是汽车行业与通信行业联手推进才能接近其实现目标的课题。在汽车与汽车联手的时代，就要求以往相互竞争的运营商之间也必须联手。

在此，作为利用 B2B2X 模式期望实现的重大课题介绍了自动驾驶。想重复强调的是，如果不能创出新的通信需求，那么向 5G 的过渡将会受阻。这不但让通信行业存在巨大的风险，而且还让所有产业出现创新的可能性都将丧失。

必须调动整个产业界的力量先创造几个成功案例，实现设备投资和服务创出的正向循环。

第 5 章

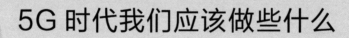

5G 时代我们应该做些什么

主角的交替

通过前文的介绍，我们加深了对 5G 所具有的可能性及风险的理解。在本章，面对 5G 时代，我们围绕应该做些什么进行深入思考。

(((ᵖ))) 从通信运营商转向中心运营商

在由 4G 向 5G 的革新过程中，最为重要的变化与其说来自技术方面，不如说在于商务模式。本书虽然反复谈到了 B2B2X 模式，但

是其重大意义绝对不只是在以往的 4G 的 B2C、B2B 模式上追加了
中心运营商。

　　此前，日本所有的通信运营商都推出了新手机和新的通信收
费套餐。对广告（CM）开展调查的 CM 综合研究所定期发布的用
户对通信运营商的广告好感度排行榜中，在 2018 年度，第 1 位是
KDDI，第 2 位是软银，第 3 位是 NTT DoCoMo。三大通信运营商
占据了前 3 位。

　　实际上，KDDI 已经连续 4 年雄踞榜首，2017 年度第 2 位是
NTT DoCoMo，第 3 位是软银。三大通信运营商已经连续 2 年垄断
前 3 位。2018 年度的第 4 位是发布招工广告的 Indeed，第 5 位是
Y-Mobile。

　　而且，在 Interbrand japan（世界最大的品牌咨询公司的日本子
公司）发布的"2019 年日本最佳国内品牌"（Japan's Best Domestic
Brands 2019）中，第 1 位是 NTT DoCoMo，第 2 位是软银，第 3
位是 au（KDDI 提供的电话服务），依然由三大通信运营商垄断。第
4 位是 recruit，第 5 位是乐天。

　　截至目前，通信运营商在社会上拥有压倒性的存在感，不只是
在通信行业，还长期以来一直雄踞生活服务产业主角的宝座。5G

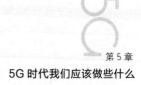

时代商务模式转向 B2B2X，此前一直担当主角的通信运营商不得不退到后台，中心运营商将成为通信的主角，这具有革命性意义的转变。

通信运营商的重要性当然没有发生变化，但是向最终用户直接提供价值的主体变成了中心运营商。通信商务的成功与否将取决于中心运营商围绕创新付出努力的程度，这对于通信运营商来说是重大变革。通信运营商已经走在了这一变革的前面，正在强化与中心运营商的伙伴关系，积极致力于为它们的商务革新做出贡献。

((ᵖ)) 积极主动活用 5G

本书开头已经提到 2019 年是"5G 元年"。通过 5G 手机提供此前没有享受过的服务体验。

本书虽然介绍了 5G 时代技术和服务将会发生的变化，只限于理论，如果有机会亲身体验一下 5G 的话，就会使人深有体会。

　　5G 的主角是中心运营商。即使是置身于通信行业之外的人，也必须考虑亲身体验一下 5G，将由此得到的体会用到自己公司的商务中，并且为自己公司的客户提供全新的价值。

　　不是被动地坐等 5G 所带来的变革，而是积极主动地活用 5G 的中心运营商，才能成为新时代的胜者。这是我通过本书最想传达给读者的信息。

基本架构

前文虽然介绍了许多活用 5G 的案例，但无论怎样讲，5G 都是由传感器、云、促动器（Actuator）构成的。

具体来说，用 5G 收集传感器获取的信息，在网络边缘或者互联网的云端那里解析，将结果用 5G 反馈并驱动促动器这一流程。

虽然传感器不断多样化、高级化，但最重要的是摄像机。要想测量温度，虽然必须要有温度传感器，但是对着设置好的温度计摄像并解析画像也可把握温度。如今，摄像机已经能够取代大部分传感器，摄像机就是多用途的传感器。

能够解析画像并能大容量通信的互联网，促进了摄像机向传感器的功能转化。监测人的可疑行为等只能是摄像机才具有亲临其境的现场感觉，所以作为 5G 时代的传感器首先最好从讨论活用摄像机的可能性开始。

在云那里，通过 AI 进行解析。

处理以摄像机为中心的各种传感器得到的大量信息的技术是机器学习、深度学习，这种计算需要大量的计算资源，所以为了学习的处理要用云来实现。

如果把学习之后的算法放到云处，就能够利用来自全世界的算法。特别是必须具备低时延性的用途，把算法纳入设在传感器和促动器旁边的边缘服务器，不通过互联网利用边缘计算将解析结果进行反馈是最为有效的。

在反馈之前，如果想要达到把结果可视化这一目的，利用监测技术即可。不过，达到操控具有高可靠、低时延要求的促动器这一目的，才能谈得上是与 5G 相称的活用。

促动器把汽车和机器人融合在一起，实现了连接服务。5G 环境下网络资源变得既充裕又灵活，在设计连接服务时通信将不再构成制约。

如上所述，传感器、云、促动器这些组件无须有意识地结合成

一个整体运转并实现连接服务，这就成为 5G 时代的基本架构。

中心运营商要思考，怎样才能将自己公司的资产安置在这种架构上，以及如何连接服务才能革新提供给最终用户的服务。

中心运营商应该采取的行动

那么，具体来说，中心运营商采取什么样的行动才好呢？把在第 2 章介绍的 NTT DoCoMo 与电通的户外数字广告（DOOH）合办的子公司 LVE BOAD 放在 B2B2X 的中心运营商位置，来具体想象一下吧。

首先，LVE BOAD 从 NTT DoCoMo 采购 5G 通信，上传广告用的数字标牌就可以放置在任何地方。比如在广阔场所及巨大建筑物上的那种超大型的、在出租车的后部座位及电车上的小型且移动的，等等。可以有各种各样，能够根据各种环境使通信达到最佳化。

当然没有布线的必要，利用所有的软件进行环境设定。只要是

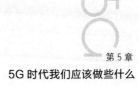

能够容纳一定数量视听者的场所，无论在何处，都可以把该空间转化为广告媒体。

关于把数字标牌的设置场所转化成生活流动线的潜在视听者，从 NTT DoCoMo 的移动空间设计就能够把握。在数字标牌上安装摄像机，根据通行者的脸和服装解析每个人的属性也是非常有效的。

不过考虑到隐私问题，可以依靠边缘计算仅把属性的统计信息吸纳到云端进行，拍摄的影像信息自身能在边缘舍弃即可。

如果把目标客户向并非是其生活流动线的场所诱导的话，就把 NTT DoCoMo 提供的积分作为奖励送给他们也是一个有效方法。如果目标客户用得到的奖励积分到某家店铺购物，依靠来店识别的架构，能够精准验证广告效果。并且，依靠非现金结账在提高顾客的便利性的同时，还能够免去在结账柜台处排队的麻烦。

这样一来，LVE BOAD 就能够活用 5G 通信、边缘服务器、最终用户的数据、积分兑换、来店识别、非现金结账等功能，就能够为广告主提供不再是单纯的广告，而是有助于其开展综合性营销的价值。

这个例子虽然是虚构的，但对中心运营商来说，推动其转向充分利用最终用户的大数据进行决策的数据驱动型经营，以及依靠奖励来调动最终用户，都是重大变化。

数据的管理和使用自己开展也可，交由通信运营商集中为客户创出价值也可以，中心运营商要根据不同情况自己做出判断。

以 LVE BOAD 为例进行思考：B2B2X 模式的中心运营商应该如何革新自己公司的服务，如何与通信运营商开展协作。站在比如何使用 5G 更高的层面上，以如何为自己公司的顾客提高服务价值，如何推进数据驱动型经营提高经营效率为视点进行深入思考，才是最为重要的。

转向一切皆服务型订金服务

(((•))) 从软件迅速扩展

上文介绍了商务模式，以及与通信运营商的协作方法，但作为中心运营商提供给最终用户的服务的理想状态，我提倡一切即服务（Xas a Service，XaaS）。

在第 3 章中介绍了出行即服务（MaaS），但是，它也是 XaaS 的一种。这个 aaS 的表达方式发端于软件即服务（Software as a Service，SaaS）。

在 2005 年前后，云计算开始普及，不再是购买软件包，而是采取了把在云上开发的软件经由互联网作为服务来加以利用的方式。这就是 SaaS。

对于用户来说，已经没有在每次软件修改程序时都必须购买的必要，而是平时就能够以低廉的费用利用最新版本。另一方面，对于服务提供商来说，也已经没有必要再对各种版本进行管理，而是从收入难以稳定的"一锤子买卖"模式转换为订金服务模式（Subscription service，类似按月缴费，用户根据不同期间支付服务利用费的方式）。

SaaS 给利用者和提供商双方都带来好处，所以迅猛普及。微软（Microsoft）的办公软件包（Office），以及奥多比（Adobe）的创意套件（creative suite）等这些快速普及的软件包，如今都已经作为 Office365 和 creative 云等 SaaS 型的订金服务方式来提供。

不只是软件，平台即服务（Platform as a service，PaaS）、基础设施即服务（Infrastructure as a service，IaaS）等，信息系统的构成要素都已经服务化，已经没有必要在自己公司持有这些资产。这一思考方法扩展到信息系统之外，把所有产品作为服务来提供的方式被称为 XaaS。

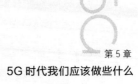

(((ŋ))) 不是提供资产，而是提供价值和成果

我们可以通过制造业的服务业化的例子，让你方便理解何为 Xaas。

在第 2 章对移动的介绍中，举了数字后视镜这个例子。它本身就是个"物"，是在购车时作为一个选项来购买的。但是，如果在这个数字后视镜上安装通信功能的话，就能够作为辅助安全驾驶功能的"服务"进行提供。

这也可采取类似按月收费的方式。因为有了通信功能，既能够自动更新固件（Firmware，是指设备内部保存的设备驱动程序），还能在日后安装新的功能和服务。

对汽车公司来说，也可以将一锤子买卖转为订金，设计从汽车售出以后开始提供的收费服务。正如 Microsoft 及 Adobe 将销售软件包转为提供 SaaS 而不断发展壮大那样，各行业领域都具有依靠 XaaS 实现成长的可能性。

第 3 章所举的小松远程操控建设机械·矿山机械的事例也是同样道理。小松作为建设机械厂家，此前的以售出机械就结束的商务转为在销售机械以后仍然为建设公司、采掘公司提供远程建设服务、远程采掘服务，通过提供这种形式的服务得到酬金，以此实现公司的发展。

建设机械及矿山机械具有因资源价格的变动致使需求发生重大变动的特征，但是，通过向 XaaS 的转化有助于获取稳定的收入。

如今的时代，客户不再要求得到资产，而是要求得到利用其资产所能得到的价值及成果。在 5G 所提供的将所有的物品常态连接互联网这一环境的情况下，中心运营商必须考虑今后不应再把资产卖给顾客，而是将资产转为 XaaS，作为服务提供给顾客利用。

订金适于 XaaS 型服务的收费方式。在降低顾客利用服务的门槛的同时，也能够稳定自己公司的收入。所以，XaaS 型订金服务无疑将成为 5G 时代提供服务的最为理想的标准方式。

超越5G以及6G

(⸱⸱) 实现 1Tbps 的数据传送

本书虽然讲述了 5G 所带来的未来变化，但如今某些国家（企业）已经瞄准 5G 之后的"后 5G"（beyond 5G）甚至是"后 6G"，并开展了研究开发。无线传输朝着高速率、大容量的进化仍然是存在革新余地的研究课题，"高可靠、低时延""大规模同时连接"是作为 5G 之后跨越式的进化而提出的技术条件。随着对其产业用途的开发不断进展的同时，对其期望也将不断提高。

2018 年 5 月，NTT 成功进行了利用毫米波工作频段传送

100Gbps 的试验。这是在特殊的实验室环境下，进行了 10 米距离的数据传送。

作为朝着大容量转化的做法，NTT 开发并实现了 OAM-MIMO 这一新的多重空间技术。所谓轨迹角动量（Orbital Angular Momentum，OAM），是量子力学领域表示电波性质的物理量，具有"拥有不同 OAM 的电波即使重合在一起也能分离"的特征。使用这一 OAM 所具有的特征，在同一时间同一频谱确保更多的传送路径（数据通道），就是此处所讲的被 NTT 开发出来的技术。

并且，NTT 还在 2018 年 6 月发布，该公司成功进行了在被称为 terahertz（THz）波段的 300GHz 成功实现了 100Gbps 的数据传送。这是通过利用比毫米波工作频段更高频谱的电波确保更大带宽的做法。

这一试验使用了 25GHz 带宽。而 2019 年 4 月分摊给通信运营商的毫米波工作频段平均每个牌照是 400MHz，由此即可看出 NTT 此次试验使用了多么大的带宽。此次试验的传送距离是 2.22 米，可见，处理难以实现长距离传送的高频谱波段仍然任重道远。

NTT 开展这些试验的目的在于，通过促进多重空间技术和活用更高频谱波段技术的开发，以及这些技术的组合，将来要实现

1Tbps（T 是表示 G 的 1000 倍的单位）的数据传送。

如此大容量无线通信到底用在何处？关于这一问题，虽然在如今就连 5G 的用途尚未确定的时候确实难以预估，但可以说，面向"后 5G"乃至"后 6G"，无线通信技术的开发正在稳步推进。

面向新的革新开始出发之年

美国也在朝着在 6G 时代仍然发挥主导作用这一目标，推进着相关研究。美国国防部的研究机构国防高级研究计划局（Defense Advanced Research Projects Agency，DARPA）正在推进 100GB/s RF Backbone 这一工程，并且于 2018 年 1 月发布了在洛杉矶市内成功进行了 100Gbps 的传送试验的消息。

DARPA 在融合 THz 通信与感测中心（Center for Converged Tera-Hertz Communications and Sensing，ComSenTer）这一研究机构中围绕如何将 THz 波段活用于移动通信系统展开了讨论，他们将根据频谱协同挑战赛（Spectrum Collaboration Challenge，SCC）中最佳频谱的算法作为重点推进工程，面向 6G 积极推进相关研究。

政府监管部门联邦通信委员会（Federal Communications

Commission，FCC）也在面向 6G 的开发做着各种准备，2019 年 3 月，完善了将包括 THz 波段在内的频谱（95GHz ～ 3THz）能够限定用于实验的相关制度。

虽然 5G 在绝大多数国家还尚未正式开始提供，但是，世界已经面向"后 5G"乃至"后 6G"展开行动。

正如本书开头所讲，通信量如今仍然迅猛增加。移动通信系统的进化将会产生新的服务和内容。这些新服务和新内容又对通信提出更高要求，促使移动通信系统不断进化。

在现实社会，还有很多产品没有实现电子化，如果想象一下那些产品实现电子化并不断进入流通领域的社会，即使是 5G 之后的未来，对于通信的期望必将持续增强。

在日本昭和时代（1926 年 12 月 25 日至 1989 年 1 月 7 日）开始面世的移动电话，进入平成时代（1989 年 1 月 8 日至 2019 年 4 月 30 日）之后实现了朝着智能手机的迅猛进化，成为人们日常生活中不可或缺的存在。并且，几乎在日本进入令和时代（2019 年 5 月 1 日— ）的同时，5G 时代也开始了。

在令和时代，移动通信系统将融入所有的服务和商务之中，智能手机等个人装置只不过是其众多用途之一。不应只是消极被动地

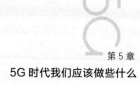

消费 5G，还应该将其作为给自己公司的服务及设备操控带来数字转换的平台而主动思考、积极活用。

高通发出了 5G 成了发明的平台（5G will be the platform for invention）这一明确信息。如今，已经为所有人提供了在 5G 这一平台上创造革新性价值的机会，期望此前与通信一直保持距离的产业，以及尚未发现这一巨大商机的创投，充分利用这一平台展开革新竞争。

我期望令和元年会成为未来的开始之年。